Kostenrechnung

Horst-Dieter Radke

5. Auflage

HAUFE.

Inhalt

Vorwort

Zunehmender Preis- und Konkurrenzdruck am Markt sorgen dafür, dass eine „leichte Hand" bei der Preiskalkulation immer schwerer durchzusetzen ist. Es genügt heute nicht mehr, die Kosten abzuschätzen und eine Gewinnspanne einzurechnen. Kosten sollten in jedem Unternehmen sorgfältig untersucht werden, damit sie auch beeinflusst werden können. Hier hilft Ihnen die Kostenrechnung weiter: Sie ist – unabhängig von Branche und der Größe des Betriebs – ein wichtiges Hilfsmittel zur erfolgreichen Unternehmenssteuerung.

Der vorliegende TaschenGuide informiert Sie über die wichtigsten Grundlagen und Begriffe der Kostenrechnung. Sie erfahren, wie Sie Kosten im Betrieb erfassen und aufteilen können und welche Informationen Ihnen die Kostenrechnung zur Kalkulation und Unternehmenssteuerung liefert. Sie erhalten Hinweise, wie Sie Kosten senken und beeinflussen und wie Sie Einzelprobleme lösen können. Praxisrelevante Informationen zu Kostenrechnungs-Software erleichtern Ihnen den Einsatz geeigneter EDV. Übersichten, Checklisten und Tabellen helfen Ihnen bei der Umsetzung in die Praxis.

Horst-Dieter Radke

Wofür Kostenrechnung?

Für die Buchführung gibt es zahlreiche Vorschriften und gesetzliche Grundlagen (z. B. im HGB). Bei der Kostenrechnung ist es dagegen eher die wirtschaftliche Situation am Markt, die zur Führung eines aussagefähigen Zahlenwerks zwingt. Entsprechend breit ist auch das Angebot an Kostenrechnungssystemen.

In diesem Kapitel erfahren Sie

- welche Aufgaben die Kostenrechnung erfüllt (S. 7) und
- wie die Kostenrechnung ins betriebliche Rechnungswesen eingebettet ist (S. 10).

Die Entwicklung der Kostenrechnung

Das Prinzip der Vollkostenrechnung, alle Kosten zu ermitteln und auf die Kostenträger (Produkte, Dienstleistungen) umzulegen, ließ sich in der Wiederaufbauzeit nach dem Krieg eine ganze Weile gut nutzen. Solange die Nachfrage größer war als das Angebot konnten die Preise am Markt so ausgerichtet werden, dass sämtliche Kosten gedeckt wurden und außerdem noch ein Gewinn übrig blieb. Spätestens seit Anfang der Siebzigerjahre machte sich hierzulande aber verstärkt das Interesse an der Teilkostenrechnung breit, insbesondere am Direct Costing, das in den USA schon lange in der Praxis erprobt wurde. Bei diesen Systemen ging es jetzt nicht mehr darum, alle Kosten irgendeinem Träger (= Kostenträger) zuzuordnen, sondern nur noch die direkt und unzweifelhaft zuordbaren Kosten diesem Kostenträger anzulasten. Die verbleibenden Kosten mussten gemeinsam von allen Kostenträgern gedeckt werden. In den 1990er-Jahren kehrte dann auch die Vollkostenrechnung in Form der Prozesskostenrechnung wieder zurück.

In den Achtzigerjahren gab es dann – insbesondere unter dem Druck der internationalen Märkte und Produktionsbedingungen vor allem in Ostasien – die Entwicklung der Prozesskostenrechnung und den Trend zum Kostenmanagement. Ziel war es nicht mehr, Kosten nur noch „zu rechnen", sondern möglichst schon im Entstehungsprozess zu beeinflussen.

In der relativen Einzelkostenrechnung nach Paul Riebel wird vom Verursachungsprinzip abgewichen, da es als zu ungenau angesehen wird und deshalb nicht für eine entscheidungsorientierte Kostenrechnung brauchbar sei. Kostenverursacher sind die Entscheidungen, und diesen sind die Kosten und Leistungen sowie die daraus resultierenden Erlöse gegenüberzustellen.

Was bringt Ihnen die Kostenrechnung?

Welche Fragen beantwortet die Kostenrechnung?

In Zeiten der Vollbeschäftigung ist es eher das Bemühen, sämtliche Kosten so in der Kalkulation zu berücksichtigen, dass diese auch restlos gedeckt werden und außerdem ein ausreichender Gewinn übrig bleibt. Da die Situation der Vollbeschäftigung in kaum einer Volkswirtschaft noch anzutreffen ist und allenfalls in einzelnen Branchen für eine gewisse Zeit mehr Nachfrage auftritt als augenblicklich befriedigt werden kann, verlagert sich die Aufgabe der Kostenrechnung auf andere Fragestellungen, z. B.:

- Wo liegen Preisuntergrenzen? (Mit dem Ziel einer sinnvollen Preisgestaltung, die sich am Markt behaupten kann.)
- Wo entstehen welche Kosten? (Mit dem Ziel, diese so zu beeinflussen, dass unnötige Kosten vermieden werden.)

Die Aufgaben der Kostenrechnung

Die Buchführung stellt jährlich die Aufwendungen den Erträgen gegenüber und weist den objektiven Gewinn oder Verlust aus. Dieser muss aber nicht mit dem tatsächlichen Betriebsergebnis identisch sein.

Die Kostenrechnung muss den Werteverzehr zur Leistungserstellung mengenmäßig und wertmäßig erfassen, gliedern, analysieren und Aussagen machen über

- den betrieblichen Werteverzehr (die Kosten),
- den betrieblichen Wertezuwachs (die Leistungen bzw. den Ertrag).

Dazu dienen vor allem:

- die Ermittlung des Betriebsergebnisses,
- die Aufstellung einer periodischen, kurzfristigen Erfolgsrechnung (meist monatlich),
- die Ermittlung der Herstell- und Selbstkosten je Leistungseinheit.

Letzteres dient sowohl

- als Grundlage für die Preispolitik
- wie auch als Wertansatz für die Bilanz.

Eine nicht zu unterschätzende Aufgabe der Kostenrechnung ist die Bereitstellung von Informationen für die Preispolitik. Dazu gehören nicht nur die Daten für die Kalkulation. Mit Hilfe der Kostenrechnung können Sie auch prüfen, ob Ihre

Selbstkosten unter oder über den am Markt erzielbaren Preisen liegen. Sollen neue Produkte eingeführt werden, liefert Ihnen die Kostenrechnung die Grundlage für die Preisbildung überhaupt. Die Kosten der Produktentwicklung müssen Sie dabei ebenso berücksichtigen (wenn der Markt das zulässt) wie die Kosten der Produktherstellung. Wichtig ist insbesondere das Ermitteln von Preisuntergrenzen bei nicht ausgelasteten Kapazitäten (z. B. um über die Annahme eines Zusatzauftrags zu entscheiden).

Aufgaben der Kosten- und Leistungsrechnung

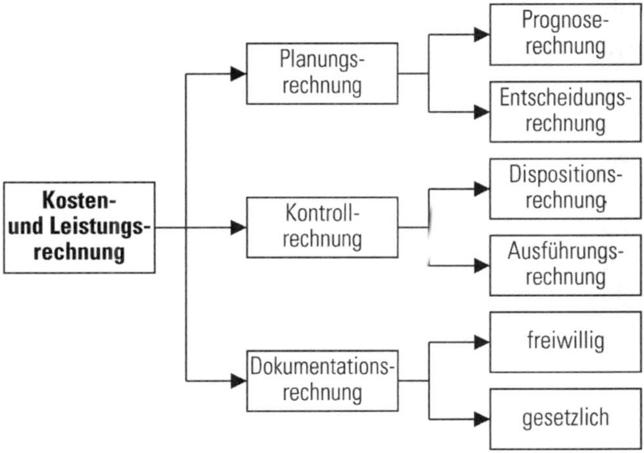

Zusammenfassend ist zu sagen, dass die Kostenrechnung eine

- Planungsrechnung ist, indem sie Informationen zu Prognosen und Entscheidungen zur Verfügung stellt;
- Kontrollrechnung in dispositiver Hinsicht und zur Ausführungskontrolle ist;
- Dokumentationsaufgabe hat, die hauptsächlich freiwillig durchgeführt wird, in wenigen Punkten aber auch eine gesetzliche Vorgabe hat (z. B. Aufbewahrungspflichten der Kalkulationen).

Was hat die Kostenrechnung mit der Buchhaltung zu tun?

Die Kostenrechnung nimmt eine andere Perspektive als die Finanzbuchhaltung ein; manche Vorfälle, die der Buchhalter berücksichtigen muss, interessieren den Kostenrechner wenig (neutrale Aufwendungen), während dieser aber Kosten berücksichtigt (kalkulatorische Kosten), die der Buchhalter nicht unbedingt buchen muss.

Trotzdem bestehen Beziehungen zwischen Finanzbuchhaltung und Kostenrechnung:

- Die in der Finanzbuchhaltung erfassten Aufwendungen gehen in die Kostenrechnung ein und bilden sozusagen das Grundgerüst der Daten, mit denen diese arbeitet.
- Die Kosten- und Leistungsrechnung liefert die Herstellungskosten, die für die Bestandsbewertung (vor allem für die Bilanz) benötigt werden.

Aufgrund dieser Zusammenhänge wird bereits in der organisatorischen Struktur der Buchhaltung die Kostenrechnung berücksichtigt:

- In den Kontenrahmen werden Kontenklassen für Kostenstellen vorgesehen, die nicht zum eigentlichen Buchungskreislauf gehören.
- In den meisten gängigen Buchhaltungsprogrammen ist heute eine Weiterbuchung der Kosten und Erträge auf die Kostenstellenkonten möglich.

Im Gemeinschaftskontenrahmen der Industrie (GKR) finden sich die Kostenstellen in den Kontenklassen 5 und 6, im Industriekontenrahmen (IKR) ist eine Trennung des Rechnungswesens in zwei Buchungskreise vorgesehen: Der Finanzbuchhaltung stehen die Kontenklassen 0 bis 8, der Kosten- und Leistungsrechnung die Kontenklasse 9 zur Verfügung.

Braucht ein Controller die Kostenrechnung?

„Kaum jemand spricht heute noch von Kostenrechnung; Controlling ist das Thema für den Unternehmer von heute." Diesen markigen Satz sprach ein Referent auf einer Tagung für mittelständische Unternehmen. Und wie alle pauschalen Aussagen zu einem Thema ist dieser Satz gleichermaßen richtig wie falsch.

Betrachtet man die Kostenrechnung als Instrument zur Aufzeichnung und Kontrolle der Kosten, so ist diese Form überholt und nicht zeitgemäß. Eine der Aufgaben der Kostenrechnung sollte es aber sein, Daten und Informationen für die

Unternehmensführung zur Verfügung zu stellen. Leider wurde diese Aufgabe – von den Fragestellungen zur Preisermittlung und Preisfindung einmal abgesehen – lange und oft vernachlässigt.

Das Controlling füllt diese Lücke vollständig aus. Controlling bedeutet auch – vom Wortsinn her – nicht „Kontrolle" (so wie es im Deutschen oft fälschlich interpretiert wird), sondern „steuern". Präziser übersetzt wäre noch „regeln", denn Controlling soll im Idealfall ein sich selbst steuerndes kybernetisches Regelsystem sein. Dazu gehören:

- die Umsetzung von Unternehmenszielen in Budgets und konkrete Pläne,
- die Feststellung von Abweichungen (der sogenannte Soll-Ist-Vergleich),
- die Analyse der Abweichungen,
- das Erkennen von Krisen und insbesondere von Krisenanzeichen,
- Vorschläge für die Regelung von Störungen (Plananpassungen, Planänderungen etc.).

Das Instrumentarium, auf das sich der Controller bezieht, besteht im Wesentlichen aus:

- einem gut funktionierenden Finanz- und Rechnungswesen,
- einer Kosten- und Leistungsrechnung (möglichst auf Deckungsbeitragsbasis und/oder einem modernen Kostenrechnungssystem wie z. B. Prozesskostenrechnung),

- Statistiken und Zahlen aus allen Betriebsbereichen,
- Investitions- und Kapitalflussrechnungen,
- einem dem Betrieb angepassten, individuellen Kennzahlensystem.

Ein brauchbares Controlling baut also auf einem Kostenrechnungssystem auf.

Hinweis: Vertiefende Informationen bietet der TaschenGuide „Controllinginstrumente".

Die Kostenrechnung ist ein Aufgabengebiet der Betriebswirtschaftslehre und darin ein Teil des betrieblichen Rechnungswesens. Sie erfasst den mengen- und wertmäßigen Verzehr von Produktionsfaktoren sowie die dadurch hervorgebrachten Leistungen. Deshalb auch: Kosten- und Leistungsrechnung. Die Kosten- und Leistungsrechnung dient der Informationsbereitstellung für die operative Planung von Kosten und Erlösen, aber ebenso deren Kontrolle durch Plan-, Soll- und Ist-Daten.

Das betriebliche Rechnungswesen

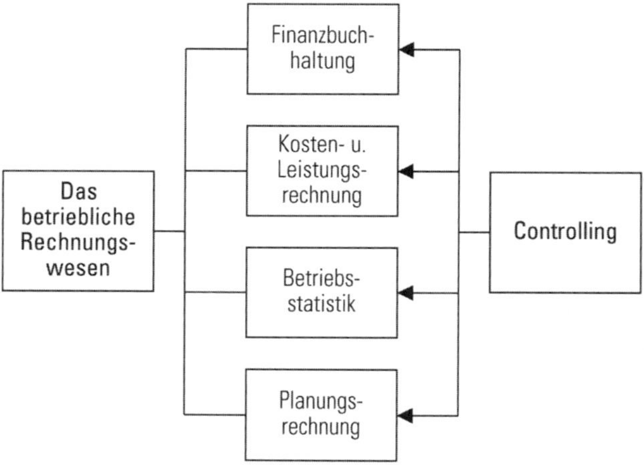

Zum Einstieg ein paar wichtige Begriffserklärungen

Die Klärung einiger Begriffe wird Ihnen das Verständnis der folgenden Ausführungen erheblich erleichtern; vor allem dann, wenn Sie sich mit dieser Thematik erstmalig befassen.

In diesem Kapitel erfahren Sie

- wie Aufwand, Kosten, Ertrag und Erlös zusammenhängen (S. 16),
- worin der Unterschied zwischen Auszahlung und Ausgabe bzw. Einzahlung und Einnahme besteht (S. 18) und
- welche Kostenarten es gibt (S. 19).

Vom Aufwand zum Ertrag

Mein Vater klagte manchmal über die Gaststättenpächter in unserem Ort, besonders über die im Park. „Die kaufen das Bier für fünfzig Pfennig ein und verkaufen es uns dann weiter für zwei Mark. Da siehst du mal, was die alles daran verdienen!" Der Hinweis, dass die Differenz zwischen Einkaufspreis und Verkaufspreis ja nicht der Reingewinn sei, minderte seinen Ärger kaum. „Dann ziehen sie eben ihre Unkosten noch ab und es bleibt mindestens noch eine Mark pro Bier übrig." Eine weitere Diskussion war nicht angebracht, das wusste ich und ließ es meist auch bleiben.

Aber ich stellte mir die Frage, was denn „Unkosten" eigentlich sind. Was ein Unmensch oder ein Untier ist, das konnte ich mir bildlich noch vorstellen. Aber „Unkosten"?

Aufwand – Kosten – Ertrag – Erlös

In der Kostenrechnung haben wir es mit vielen verschiedenen Kostenbegriffen zu tun; die Unkosten kommen dabei aber nicht vor. Zusammenfassend meinen Kosten immer den in Geld ausgedrückten Werteverbrauch, sofern er zur Erstellung und Verwertung der betrieblichen Leistung in einer bestimmten Periode anfällt.

Dem gegenüber steht der **Aufwand**. Mit diesem Begriff bezeichnet man den Werteverzehr einer Unternehmung in einer Periode. Es ist zunächst nicht wichtig, ob der Aufwand betrieblich bedingt ist oder andere Ursachen hat.

Beide Begriffe decken also weitgehend die gleichen Vorgänge ab. Allerdings kommen beim Aufwand noch sogenannte **Neutrale Aufwendungen** hinzu, die unter Kostengesichtspunkten nicht betrachtet werden. Dabei handelt es sich um Kosten, die mit dem eigentlichen Betriebszweck nichts zu tun haben (z. B. die Kosten der Finanzierung).

Darüber hinaus gibt es sogenannte **kalkulatorische Kosten** (das sind Kosten, die zunächst nicht wirklich anfallen, sondern auf ein zukünftiges Ereignis oder eine vergleichbare Situation hin kalkuliert werden), die wiederum dem Aufwand nicht zugerechnet werden können. Man bezeichnet solche kalkulatorischen Kosten auch als „Zusatz- oder Anderskosten".

Aufwendungen sind eher eine Betrachtung der Finanz- und Bilanzbuchhaltung, Kosten das Thema der **Kosten- und Leistungsrechnung**.

Neutrale Aufwendungen	Aufwendungen	
	Kosten	Kalkulatorische Kosten

Aufwendungen und Kosten

Den Aufwendungen und Kosten sollten Erträge und Erlöse gegenüberstehen. Als Ertrag bezeichnet man den gesamten, in Geld ausgedrückten Wertezugang einer Periode, soweit er zur Vergrößerung des Reinvermögens führt. Das ist z. B. bei einer Kreditaufnahme nicht der Fall. Das Gleiche trifft auch weitgehend auf die Erlöse zu; allerdings ist die Definition zusätzlich eingeengt, da man zu den Erlösen nur den Wertezugang rechnet, der aus dem betrieblichen Leistungsprozess stammt. Nicht betrieblich bedingte Erträge (z. B. Verkaufserlöse von Grundstücken oder Erlöse aus Wertpapierverkäufen) sind demnach keine Erlöse. Andererseits gibt es auch Erlöse, denen keine Erträge gegenüberstehen. Statt von Erlösen wird – vor allem in älterer Literatur – auch von Leistungen gesprochen (daher auch der Begriff: Kosten- und Leistungsrechnung).

Neutrale Erträge	Erträge	
	Erlöse	Zusatz- oder Anderserlöse

Erträge und Erlöse

> Sollten Ihnen diese Begriffsdifferenzierungen Probleme bereiten, ist es ratsam, dass Sie sich etwas mit dem Thema Buchführung beschäftigen. Der TaschenGuide Buchführung bietet Ihnen dabei kompetente Hilfestellung.

Auszahlung – Ausgabe – Einzahlung – Einnahme

In meiner Kindheit geriet fast jeder, der es wagte, beim Bäcker oder Metzger etwas „anschreiben" zu lassen, in den Verdacht, ein Bankrotteur zu sein. Man zahlte bar, und wer das nicht konnte, musste ja zwangsweise pleite sein. In der heutigen Zeit ist es leicht Geld auszugeben, ohne es auszahlen zu müssen. Durch Kreditkarten, Scheckkarten, Schecks oder den Kauf auf Rechnung ist dies fast unbegrenzt möglich.

Damit ist auch schon ganz wesentlich umschrieben, wie die Begriffe Auszahlung und Ausgabe zu differenzieren sind: Eine **Auszahlung** ist immer ein barer oder bargeldloser Zahlungsvorgang, bei dem das Unternehmen der Zahlungsleistende ist.

Geld wird in Bewegung gesetzt, aus der einen Kasse in eine andere, von dem einen Bankkonto auf ein anderes. Wird eine Rechnung aber nicht sofort bezahlt, sondern später (im Fachjargon: auf Ziel) so findet zwar ein Schuldenzugang statt, aber noch keinerlei Geldbewegung. Schuldenzugänge und Auszahlungen werden unter dem Oberbegriff **Ausgaben** zusammengefasst.

Unter **Einzahlungen** versteht man dementsprechend nur bare oder bargeldlose Zahlungsvorgänge, bei denen das Unternehmen der Zahlungsempfänger ist. Werden aber die ausgelieferten Waren nicht sofort, sondern erst später bezahlt, dann entsteht keine Einzahlung, sondern eine Forderung. Forderungen und Einzahlungen werden unter dem Begriff **Einnahmen** zusammengefasst.

Welche Kosten gibt es?

Zur Einführung in die Kostenrechnung müssen zunächst die wichtigsten Differenzierungen des Kostenbegriffes vorgestellt werden.

Einzelkosten und Gemeinkosten

Je nachdem wie Kosten bestimmten Kostenträgern zugeordnet werden können, spricht man von Einzel- oder Gemeinkosten.

- Einzelkosten lassen sich einem Kostenträger direkt zurechnen. Zum Beispiel das Material, das in ein Produkt eingeht.
- Gemeinkosten lassen sich dem einzelnen Kostenträger nicht mehr direkt zuordnen. Sie können nur über Zu-

schlagssätze auf die verschiedenen Kostenträger aufgeteilt (der Kostenrechner sagt „umgelegt") werden. Die Verwaltungskosten können z. B. nicht mehr einzelnen Produkten direkt zugeordnet werden.

Variable Kosten

Kosten, die sich der veränderten Marktlage anpassen, nennt man variable oder proportionale Kosten.

- Die Materialkosten nehmen mit steigender Produktionsmenge insgesamt proportional zu. Sie verringern sich z. B. im gleichen Verhältnis, wie die Produktion zurückgeht.
- Die auf ein Stück umgerechneten Materialkosten bleiben bei schwankender Beschäftigung konstant.

Variable Kosten sind deshalb verhältnismäßig unproblematisch.

Fixe Kosten

Kosten, die von der Beschäftigung und Marktlage nur sehr unwesentlich abhängen, nennt man fixe Kosten oder Kosten der Betriebsbereitschaft.

- Die fixen Kosten verändern sich mit steigender oder sinkender Produktion nicht. Sie treten in jeder Abrechnungsperiode unverändert auf.
- Die auf ein Stück umgerechneten fixen Kosten verringern sich mit steigender Produktion und erhöhen sich bei rückläufiger Produktion.

> Dieses Verhalten der fixen Kosten ist der Grund dafür, warum fixkostenintensive Wirtschaftszweige (z. B. der Bergbau, die Stahlindustrie, Maschinenbau, Werften) auf möglichst volle Auslastung ihrer betrieblichen Anlagen achten müssen.

Eine Sonderform sind die sprungfixen Kosten. Sie bleiben eine ganze Weile konstant, um sich ab einem bestimmten Punkt (einer bestimmten Beschäftigungssituation) mit einem Schlag auf ein anderes Niveau zu heben oder zu senken.

Mischkosten

Ein Teil der Gemeinkosten enthält zugleich fixe und variable Kostenanteile, die sich aus den Kosten nicht eindeutig heraustrennen lassen. Kosten mit dieser Eigenschaft nennt man auch Mischkosten.

- Mischkosten nehmen mit steigender Produktion insgesamt proportional zu und zeigen ein den variablen Kosten ähnliches Verhalten.
- Die auf ein Stück umgerechneten Mischkosten verringern sich mit steigender Produktion und zeigen ein Verhalten wie die veränderlichen Stückkosten.

Grundkosten, Anderskosten, Zusatzkosten

Die Buchhaltung ist ein wichtiger Informationszuträger für die Kostenrechnung. Kosten müssen also auch an dieser Schnittstelle betrachtet werden.

- **Grundkosten** haben eine wertmäßig exakte Entsprechung im Aufwand der Finanzbuchhaltung (etwa die Personalkosten).

- **Anderskosten** haben ebenfalls eine Entsprechung im Aufwand der Finanzbuchhaltung, werden aber anders bewertet (etwa Abschreibung in der Finanzbuchhaltung degressiv, in der Kostenrechnung linear).
- **Zusatzkosten** haben keine Entsprechung im Aufwand der Finanzbuchhaltung (z. B. der kalkulatorische Unternehmerlohn).

Weitere Kostendefinitionen

Die bisher aufgeführten Kostenbegriffe sind wertorientiert. Es gibt in der Betriebswirtschaftslehre aber auch noch andere Ansätze. Der pagatorische Kostenbegriffer (Helmut Koch/ Erich Kosiol) – entwickelt in den 1960er und 70er Jahren – orientiert sich an leistungsbezogenen Auszahlungen (pagatorisch bedeutet: „stammt aus Zahlungen").

Der entscheidungsorientierte Kostenbegriff (Paul Riebel) – entwickelt in den 1990er Jahren – bewertet durch Zuordnung von Kosten auf Entscheidungen Handlungsalternativen, deren Realisierung die Kosten auslösen würden.

Eine Sonderform sind die Opportunitätskosten (auch Verzichtskosten oder Schattenpreis), die entgangene Gewinne der nicht realisierten Handlungsalternativen als Kosten berücksichtigen. Man unterscheidet noch in input- und outputbezogene Opportunitätskosten. Im ersten Fall werden die Deckungsbeiträge auf Inputfaktoren (Arbeitsstunden, Materialmengen etc.) bezogen, im zweiten Fall die Kosten einer Alternative auf den Output des Produktionsprozesses.

Wie Sie Kosten erfassen und aufteilen

Unabhängig vom jeweils verwendeten Kostenrechnungssystem lässt sich die Kostenrechnung in grundlegende Bereiche untergliedern, die wir Ihnen in diesem Kapitel vorstellen:

- Kostenartenrechnung (S. 25),
- Kostenstellenrechnung (S. 33),
- Kostenträgerrechnung (S. 46).

Die Bereiche der Kostenrechnung

Die Kostenrechnung gliedert sich in

- die **Kostenartenrechnung**
  Sie stellt die Frage: Welche Kosten sind angefallen? Oft wird die Kostenartenrechnung in der Finanzbuchhaltung geführt, da hier bereits eine Kostengliederung nach Arten durchgeführt ist.
- die **Kostenstellenrechnung**.
  Sie stellt die Frage: Wo sind die Kosten angefallen?
- die **Kostenträgerrechnung**
  Sie stellt die Frage: Wofür sind die Kosten angefallen?

Die Kostenträgerrechnung gibt es in zwei Ausprägungen:

- die **Kostenträgerzeitrechnung**
  Sie stellt die Frage: Wie lautet das Betriebsergebnis für eine bestimmte Abrechnungsperiode und ordnet die angefallenen Kosten entsprechend periodisch zu. Man nennt diese Rechnung auch kurzfristige Erfolgsrechnung.
- die **Kostenträgerstückrechnung**
  Sie stellt die Frage: Wofür, d. h. für welche Produkteinheiten (oder Dienstleistungen, Kunden, Aufträge, Absatzgebiete etc.) sind die Kosten angefallen? Es handelt sich hierbei um die Kalkulation.

Diese Gliederung sagt noch nichts über das jeweilige Kostenrechnungssystem aus. Sie ist jedoch Grundlage für fast alle Systeme.

Welche Kosten fallen an: Kostenartenrechnung

Grundlage für die Kostenartenrechnung sind die Kosten, die in der Buchhaltung erfasst wurden. Oft wird die Kostengliederung im Kontenrahmen als Kostenartenrechnung angesehen und ausgewertet. Bei genauerer Betrachtung müssen aber einige Kostenarten geändert (man spricht von Anderskosten) und weitere hinzugenommen werden (Zusatzkosten). Wieder andere Kosten müssen ausgegrenzt werden (Neutrale Aufwendungen).

Aufgaben der Kostenartenrechnung

Die Kostenartenrechnung hat folgende Aufgaben:

- Sie dient der vollständigen Erfassung der Kosten nach Arten.
- Sie ist Ausgangspunkt zur Feststellung des mengen- und wertmäßigen Verzehrs von Stoffen u. a. für die betriebliche Leistungserstellung.

Damit ist die Kostenartenrechnung die Grundlage der weiteren Kostenrechnung, insbesondere der Kostenstellenrechnung. Sie liefert erste Ansätze zur Kostenkontrolle und Kostensteuerung. Soll die Gliederung nach Kostenarten in der Finanzbuchhaltung bereits die Grundlage für die Kostenartenrechnung bilden, so muss diese Gliederung der Kosten entsprechend vorgesehen werden.

Ein besonderes Augenmerk müssen Sie dabei auf die Kostenerfassung legen. Bei manchen Kosten ist dies kein Problem, da z. B. der Rechnungsbeleg bereits eine ausreichende Erfassung ermöglicht. Wo ein interner Verbrauch stattfindet (z. B. im Material- oder Rohstoffbereich), wird es schon schwieriger. Es müssen Entnahmescheine ausgeschrieben oder Verarbeitungsprotokolle geführt werden.

Wie Sie Kosten gliedern können

Die Kostenarten können nach unterschiedlichen Gesichtspunkten gegliedert werden. Maßgebend ist immer die Betrachtungsweise.

So lassen sie sich gliedern nach:

- ihrer Entstehung (funktionsbezogene Einteilung),
- ihrer Verwendung (produktionsfaktorbezogene Einteilung),
- ihrer Abhängigkeit vom Beschäftigungsgrad oder
- nach verrechnungstechnischen Gesichtspunkten.

Darüber hinaus muss eine weitere Einteilung erfolgen in:

- Einzel- und Gemeinkosten und
- fixe und variable Kosten.

Weitere Einteilungen sind möglich:

- in primäre und sekundäre Kosten sowie
- in Gesamtkosten, Stückkosten und Grenzkosten.

Die in der Buchhaltung – meist schon durch den Kontenrahmen – vorgegebene Gliederung der Kosten nach ihrer Entstehung ist sicherlich die häufigste Gliederungsart. Die wesentlichen Punkte dieser Gliederung sind:

- Materialkosten (Roh-, Hilfs- und Betriebsstoffe, Vorprodukte),
- Personalkosten (Löhne, Gehälter, Sozialabgaben, Pensionen),
- Kapitalkosten (Zinsen, Dividenden),
- Dienstleistungskosten (Transport-, Werbe-, Rechts-, Versicherungs-, Energiekosten, öffentliche Abgaben wie Steuern, Gebühren, Beiträge),
- Kalkulatorische Kosten (kalkulatorische Abschreibungen, Zinsen, Wagnisse)
- Raumkosten (Miete, Pacht, Renovierungen, Reinigung etc.)

Lediglich die Materialkosten und ein Teil der Personalkosten (vor allem die Lohnkosten) können Sie meist als Einzel- oder Sonderkosten den Kostenträgern direkt zurechnen. Alle anderen Kosten zählt man zu den Gemeinkosten, die einer Verrechnung über die Kostenstellen bedürfen. Sie werden in zwei Gruppen unterteilt, in

- variable Gemeinkosten und
- fixe Gemeinkosten.

> Im Anhang (ab S. 121) finden Sie ein Beispiel für die Kostenartengliederung der Finanzbuchhaltung nach dem Gemeinschaftskontenrahmen der Industrie (GKR).

So finden Sie für Ihren Betrieb eine passende Kostenartengliederung

Wenn Sie sich Gedanken über eine sinnvolle Kostenartengliederung für Ihren Betrieb machen, so schauen Sie sich zunächst die Kostenarten in der Buchhaltung an.

- Sind diese Kostenarten an einen bestehenden Kontenrahmen angelehnt? (IKR, GKR, Datev etc.)
- Sprechen Sie über eine Veränderung und oder Ergänzung mit Ihrem Buchhalter/Steuerberater.
- Ändern Sie aber die vorhandene Kostenartengliederung nur in Zusammenhang mit den Überlegungen zur Einrichtung eines Kostenstellensystems. Beides muss zusammenpassen.

Versuchen Sie sich bei der Erstellung einer Kostenartengliederung an folgende Grundsätze zu halten:

- **Grundsatz der Eindeutigkeit:** Die Kostenarten müssen so klar definiert sein, dass über ihren Inhalt kein Zweifel aufkommen kann.
- **Grundsatz der Überschneidungsfreiheit:** Vermeiden Sie Überschneidungen der Kostenarten. Die Kosten müssen eindeutig und zweifelsfrei einer Kostenart zugeordnet werden können.
- **Grundsatz der Vollständigkeit:** Die Kostenartengliederung darf keine Lücken aufweisen. Kostenarten dürfen aufgrund einer unvollständigen Gliederung nicht herausfallen oder unpassend zugeordnet werden.

So erfassen Sie die Kosten

Voraussetzung für eine Aufteilung der Kosten nach Kostenarten ist die richtige Erfassung dieser Kosten, möglichst schon bei der Entstehung.

- Fertigungsmaterial kann über Materialentnahmescheine oder Rezepturaufträge erfasst werden. Meist kann bereits eine Kostenstelle oder/und ein Kostenträger angegeben werden. Eine verbreitete Methode ist auch die Erfassung über eine regelmäßige Inventur. Die Differenz zwischen zwei Perioden unter Berücksichtigung des Zugangs ergibt den Materialverbrauch.
- Fertigungslöhne können Sie über entsprechend erweiterte Lohnlisten oder Einzellohnscheine (in die Personal-Nr., Kostenstelle u. a. Informationen eingetragen werden) erfassen. Auch hier ist in der Regel bereits eine Zuordnung auf Kostenstelle oder Kostenträger möglich.
- Hilfslöhne müssen Sie erst über die Kostenstellenrechnung (über Schlüsselung) verteilen, da sie in der Regel nicht bestimmten Kostenarten zugerechnet werden können.
- Gehälter können nicht in allen Fällen zugeordnet werden. Die Gehaltsabteilung kann die direkt zurechenbaren Gehälter in den Gehaltslisten oder separaten Belegen entsprechend aufbereiten und/oder kennzeichnen.
- Lohnnebenkosten werden oft erst in der Personalabteilung erfasst. Die Zuordnung ist umständlich und aufwendig. In vielen Fällen ist es zweckmäßiger, diese Kosten über feste

Verrechnungssätze (die relativ genau zu ermitteln sind) zuzuschlagen.

- Energiekosten, Brennstoffe etc. können Sie oft über Verbrauchszähler erfassen, welche die Abrechnungsbelege später differenzieren helfen.

So bewerten Sie Kosten

Neben das formale Problem der Kostengliederung tritt das materielle Problem der Kostenbewertung. Es gelten vom Handels- und Steuerrecht abweichende Prinzipien:

- Handelsrechtlich gilt das Niederstwertprinzip (für das Umlaufvermögen) oder Anschaffungswert minus Abschreibungen (für das Anlagevermögen).
- Ansatzpunkt für die Kostenrechnung ist der Anschaffungswert oder der Wiederbeschaffungspreis (Prinzip der Substanzerhaltung).

Eine Bewertung nach Ist-Preisen ist in der Praxis oft nicht angemessen, da ständige Preisänderungen einen unverhältnismäßigen Aufwand erfordern. Findet eine Ist-Preis-Bewertung statt, so erfolgt sie meist nach Durchschnittspreisen.

Gängiger ist der Einsatz von sogenannten Verrechnungspreisen. Diese ermitteln Sie auf der Basis der bisherigen Einstandspreise und es werden, wo möglich und sinnvoll, auch Preiserwartungen mit eingearbeitet.

Die kalkulatorischen Kostenarten

Auf die Ergänzung der Kosten aus der Buchhaltung durch sogenannte kalkulatorische Kosten habe ich Sie zu Anfang dieser Abhandlung bereits hingewiesen. Zu den wichtigsten kalkulatorischen Kosten zählen:

- kalkulatorische Abschreibungen,
- kalkulatorische Wagnisse,
- kalkulatorische Zinsen,
- kalkulatorischer Unternehmerlohn.

Kalkulatorische Abschreibungen – Wertminderungen verteilen

Ein Anlagegut, das im betrieblichen Leistungsprozess eingesetzt wird, verbraucht sich mit der Zeit.

> Der Buchhalter und der Kostenrechner sagen, dass es einem Werteverzehr unterliegt, der verursachungsgerecht für jede anzuschauende Periode erfasst werden muss.

Handels- und Steuerrecht geben dem Finanzbuchhalter zur Abschreibung wesentliche Details vor. Diese Abschreibung muss aber nicht unbedingt mit der tatsächlichen Wertminderung übereinstimmen. Oft ist das Anlagegut bereits abgeschrieben und wird trotzdem noch genutzt. Auch der umgekehrte Fall ist denkbar. Mit der kalkulatorischen Abschreibung versuchen Sie deshalb, die wertmäßige Minderung den tatsächlichen Gegebenheiten entsprechend zu verteilen.

Kalkulatorische Wagnisse – Risiken berücksichtigen

Immer wieder werden Sie als Unternehmer mit Risiken konfrontiert, die nicht so recht in den Betriebsablauf passen, sehr wohl aber Einfluss auf das Unternehmensergebnis haben. Man spricht von Wagnissen und unterscheidet:

- Beständewagnisse (Lagerverluste durch Verderb oder Diebstahl),
- Anlagenwagnis (Verluste durch Katastrophen, Unfälle etc.),
- Entwicklungswagnis (Verluste durch Fehlentwicklungen im Produktbereich u. a.),
- Vertriebswagnis (Forderungsausfälle),
- Gewährleistungswagnis (Garantieleistungen müssen erbracht werden).

Die Kostenrechnung versucht diese Wagnisse kalkulatorisch zu berücksichtigen. Gibt es für einzelne Wagnisse Versicherungen (z. B. Forderungsausfallversicherung), so werden diese Wagnisse nicht angesetzt.

Außerdem gibt es die allgemeinen Unternehmerwagnisse, bei welchen Verluste aus Konjunktur- oder Nachfrageveränderungen oder ähnlichen Marktveränderungen resultieren. Die Kostenrechnung berücksichtigt diese Wagnisse nicht.

Kalkulatorische Zinsen – entgangene Erträge erfassen

Zinsen, die von Banken und Kapitalgebern berechnet werden, erfasst die Buchhaltung exakt. Zinsen auf das eingesetzte

Eigenkapital (Unternehmerkapital) dagegen nicht. Da der oder die Unternehmer meist aus dem Gewinn entlohnt werden, erübrigt sich ein entsprechender Buchungsvorgang.

> Die Kostenrechnung erfasst als Kosten für das Eigenkapital die entgangenen Erträge, die bei einer gewinnbringenden Anlage des Kapitals hätten erzielt werden können.

Kalkulatorischer Unternehmerlohn – entnommene Gewinne einkalkulieren

Diese kalkulatorische Kostenart spielt nur bei Personengesellschaften und Einzelunternehmungen eine Rolle. Da die Unternehmer aus dem Gewinn entgolten werden, ist ein fiktiver Unternehmerlohn zu kalkulieren, denn der später (oder in Vorleistung) entnommene Gewinn muss ja erwirtschaftet (und entsprechend vorher kalkuliert) werden.

Wo fallen Kosten an: Kostenstellenrechnung

Die Kostenstellenrechnung bildet die Brücke zwischen Kostenarten- und Kostenträgerrechnung. Sie übernimmt die Kostenarten aus der Kostenartenrechnung und weist alle Kosten, die nicht unmittelbar der betrieblichen Leistung zugerechnet werden können, anteilig und verursachungsgerecht den Stellen im Unternehmen zu, an denen sie bei der Leistungsherstellung und -verwertung entstanden sind.

> Die Kostenstelle kann als ein genau definierter und abgegrenzter Bereich, in dem Kosten entstehen, angesehen werden. Die Bandbreite reicht von einem einzelnen Arbeitsplatz bis zu einer ganzen Abteilung.

Einzel- und Gemeinkosten

Hier spielt die Gliederung nach Einzel- und Gemeinkosten eine wichtige Rolle.

- Einzelkosten können dem Kostenträger direkt aufgrund von Belegen zugerechnet werden (Rohstoffaufwand, Fertigungslöhne).
- Gemeinkosten können dem Kostenträger in der Regel nicht direkt zugerechnet werden.

In Industriebetrieben mit Serienfertigung unterschiedlicher Erzeugnisse ist die undifferenzierte Zuteilung der Gemeinkosten auf die unterschiedlichen Kostenträger nicht möglich. Die proportionale Zuteilung nach der Höhe der Einzelkosten wäre falsch, weil Sie in der Regel davon ausgehen müssen, dass die einzelnen Erzeugnisse die verschiedenen Betriebsabteilungen unterschiedlich stark beanspruchen. Das Erzeugnis mit höherer Beanspruchung der Kostenstellen ist auch in höherem Maße an der Entstehung der Gemeinkosten beteiligt und muss deshalb einen entsprechend höheren Anteil an den Gemeinkosten tragen.

Kostenstellengliederung

Als Kostenstellen eignen sich alle Tätigkeits- und Verantwortungsbereiche in einem Industriebetrieb, die eine organisatorische Einheit bilden und die in den Prozess der Leistungserstellung oder Leistungsverwertung eingegliedert sind.

Nach Art der Abrechnung werden Haupt- und Hilfskostenstellen unterschieden.

- **Hauptkostenstellen** sind direkt an der Erstellung von Leistungen beteiligt.
- **Hilfskostenstellen** erstellen innerbetriebliche Leistungen für andere Kostenstellen. Die Kosten gehen in die Hauptkostenstellen über.

Nach der Zugehörigkeit der Gemeinkosten zu den einzelnen Kostenbereichen unterscheidet man:

- **Materialgemeinkosten:** Sie entstehen im Zusammenhang mit der Annahme, Lagerung, Pflege, Ausgabe und Versicherung des Materials.
- **Fertigungsgemeinkosten:** Das sind alle Gemeinkosten, die in der Fertigung anfallen, wie Hilfslöhne für Maschinisten, Heizer, Hilfsarbeiter, Gehälter für Meister und technische Angestellte. Der Verbrauch von Strom, Gas, Wasser in der Herstellung usw.
- **Verwaltungsgemeinkosten:** Hier werden die Kosten für die Leitung und Verwaltung des Unternehmens zugeordnet. Das sind z. B. die Gehälter für die Geschäftsleitung

und die Angestellten, Büromaterial, Abschreibungen auf die Geschäftsausstattung.

- **Vertriebsgemeinkosten:** Das sind alle Gemeinkosten, die mit dem Absatz der Erzeugnisse zusammenhängen, z. B. die Kosten für die Lagerung der Fertigprodukte, Verkaufsbüro, Werbung, Verpackung und Versand.

Beispiel: Gliederung der Kostenstellen nach Funktionen

Kostenbereich	Kostenstelle	Gemeinkostenart
Material	Beschaffung Materialannahme Lager Materialausgabe	Hilfslöhne Gehälter Abschreibung auf die Einrichtung ⇨ **Materialgemeinkosten**
Fertigung	Hilfsstellen Arbeitsvorbereitung technische Leitung Konstruktion Lohnbüro Stanzerei Dreherei Montage	Hilfslöhne Gehälter Meistergehälter Energie Abschreibung auf Anlagen ⇨ **Fertigungsgemeinkosten**
Verwaltung	Kaufmännische Leitung Rechnungswesen Personalwesen Finanzabteilung	Gehälter Büromaterial Abschreibung auf Geschäftsausstattung Heizkosten ⇨ **Verwaltungsgemeinkosten**

Kostenbereich	Kostenstelle	Gemeinkostenart
Vertrieb	Lager für Fertigerzeugnisse Versandlager Verkauf Werbung Marketing	Versandkosten Verpackung Gehälter Verkaufsprovision Werbekosten Abschreibung ⇨ **Vertriebsgemeinkosten**

Für jeden Kostenbereich sollten Sie mindestens eine Kostenstelle bilden.

Damit die Kostenstellenrechnung ihrer Kontrollaufgabe gerecht werden kann, ist es notwendig, dass sich die nach einheitlichen Tätigkeitsmerkmalen gebildeten Kostenstellen mit den Verantwortungsbereichen decken. Praxisgerecht ist die Zusammenfassung mehrerer Kostenstellen zu einem Verantwortungsbereich.

Kostenverteilungsschlüssel

Um die Kosten verursachungsgerecht auf die Kostenstellen zu verteilen, müssen Sie alle nicht direkt einer Kostenstelle zurechenbaren Kosten schlüsseln (zumindest in den Systemen der Vollkostenrechnung). Schlüssel enthalten jedoch die Gefahr der Vereinfachung und können bei ungenauer und unbedachter Anwendung auch zur Verzerrung der Kostenstruktur führen.

Schlüssel sind sogenannte Kostengliederungszahlen. Sie können als Wert-, Zeit- oder Mengenschlüssel auftreten.

Mengen- und Zeitschlüssel führen zu genaueren Ergebnissen als Wertschlüssel, denn sie sind preisunabhängige, technische Größen, die sich nur mit Änderung der Leistung einer Kostenstelle verändern. Wertschlüssel sind dagegen Kostensummen und diese ändern sich mit jeder Anpassung des Wertansatzes der verrechneten Kosten.

- Mengenschlüssel (Kubikmeter, Tonne, Liter etc.)
  - Verbrauchte Mengen
  - Umgesetzte Mengen
  - Ausgebrachte Mengen
- Zeitschlüssel
  - Arbeits- oder Maschinenstunden
  - Fertigungs-, Schicht- oder Kalenderzeit
- Wertschlüssel
  - Kostenarten: Lohn, Gehalt, Fertigungsmaterial, Einstandspreise
  - Kalkulationswerte: Fertigungs-, Herstellungs- oder Selbstkosten
  - Umsatzzahlen

In der Praxis sollten Sie sich für einen einheitlichen und kontinuierlich einzusetzenden Schlüssel entscheiden. Nur wo dies nicht sinnvoll möglich ist, weichen Sie davon ab. In der folgenden Tabelle finden Sie einige Kostenverteilungsschlüssel für wichtige Kostenarten.

Kostenart	Kostenverteilungsschlüssel
Lohnnebenkosten	Nach Köpfen, nach Lohnsumme, nach festen Zuschlagssätzen (z. B. 21,3 %)
Hilfsstoffe, Betriebsstoffe, Werkzeuge	Mittels Entnahmescheine, über Verbrauchsschätzungen
Vermögens- und/oder Kapitalsteuer Abschreibungen	Nach Vermögens- oder Kapitalschlüsseln auf die Kostenstellen Nach Anlagekartei auf Kostenstellen, Umlage nach Einsatzstunden (z. B. bei flexibel einsetzbaren Maschinen), nach Produktionsleistung
Miete, Grundstücks- und Gebäudekosten	Nach Quadratmeter auf die Kostenstellen
Versicherungen	Direkt auf Kostenstellen (wo möglich!), Unfallversicherungen nach Anzahl der Mitarbeiter, Feuerversicherung nach Kapitalausstattung der Kostenstellen

Der Betriebsabrechnungsbogen

Die Kostenstellenrechnung wird meist mithilfe des Betriebsabrechnungsbogens (BAB) durchgeführt. Je nachdem wie differenziert die Kostenstellenbildung vorgenommen wird, ist der BAB aufgebaut. Man unterscheidet drei Arten:

- den einfachen einstufigen BAB,
- den erweiterten einstufigen BAB und
- den mehrstufigen BAB.

Darüber hinaus gibt es noch spezielle und weitere Differenzierungen.

Aufbau und Aufgabe

Der BAB ist spaltenweise nach Kostenarten und zeilenweise nach Kostenstellen gegliedert. Nach Abschluss eines jeden Monats übernimmt er in den linken Spalten die Gemeinkostenarten (nach variablen und fixen Kosten gruppiert) sowie die Kostenbeiträge aus der Geschäfts- und Betriebsbuchhaltung.

Die Verteilung der Gemeinkosten auf die einzelnen Kostenstellen geschieht meist direkt aufgrund von Belegen (Lohnlisten, Gehaltslisten, Entnahmescheine für Hilfs- und Betriebsstoffe usw.), welche die zugehörige Kostenstelle aufweisen müssen.

Andere Gemeinkostenarten, die sich nicht direkt für die Kostenstellen erfassen und verrechnen lassen, können Sie nur indirekt mithilfe von bestimmten Schlüsseln auf die Stellen umverteilen.

Wenn Sie die Gemeinkosten einer jeden Kostenstelle addieren, so erhalten Sie die für die Kalkulation verschiedenartiger Erzeugnisse notwendigen Stellengemeinkosten.

Für jeden Kostenbereich werden auf diese Weise gesondert Stellengemeinkosten ermittelt:

Kostenbereiche	Kostenstellen-Gemeinkosten
I. Material	Materialgemeinkosten (MGK)
II. Fertigung	Fertigungsgemeinkosten (FGK)
IIII. Verwaltung	Verwaltungsgemeinkosten (VwGK)
IV. Vertrieb	Vertriebsgemeinkosten

Beispiel: Ein Betriebsabrechnungsbogen

	Summe	Vorkostenstellen		Hauptkostenstellen				
Kostenart	Kostenart	Werkstatt	Druckerei	Material	Fert. I	Fert. II	Verwaltung	Vertrieb
Gehälter	14 053	2 533	2 460	2 703			2 407	3 950
Gemeinkostenlöhne	5 029	907	303		1 799	2 020		
Lohnnebenkosten	10 282	1 060	940	877	2 417	2 789	799	1 400
Hilfs- u. Verbrauchsst.	2 566	450	291	45	560	1 220		
Instandhaltung	732		195				172	365
Kfz-Kosten	1 582	255	165				175	987
Mietkosten	2 800	175	140	343	651	785	478	277
Strom/Energiekosten	1 659	45	80	112	560	678	133	101
Verwaltungsksoten	1 531	35	93	176	75	89	703	450
sonst. Kosten	1 264	33	77	66	55	54	567	486
Kalk. Abschreibungen	1 400	640	760					
Kalk. Zinsen	4 678	240	266	743	775	750	34	1 870
sonst. kalk. Kosten	12 639	181	193	19	620	601	8 375	2 650
Summe	60 215	6 554	5 963	5 084	7 512	8 986	13 843	12 536
Umlage Werkstatt		→	306	612	2 474	2 066	612	485
Summe			6 269	5 696	9 986	11 052	14 455	13 021
Umlage Druckerei			→	313	0	0	2 194	3 761
Gemeinkosten n. Umlage				6 009	9 986	11 052	16 649	16 782

Zunächst werden im Betriebsabrechnungsbogen alle Kostenarten aufgelistet und nach Kostenstellen (in Spalten) aufgeteilt und eingetragen. Die sogenannten Vorkostenstellen (oder der allgemeine Bereich) enthalten Kosten, die für alle Kostenträger insgesamt notwendig und somit nicht direkt zurechenbar sind.

In zwei Schritten werden die Vorkostenstellen auf die anderen Kostenstellen weiter verrechnet. Im Beispiel werden Kosten von der ersten auf die zweite Vorkostenstelle verrechnet. Manchmal können Vorkostenstellen jedoch auch zusammengefasst und dann auf die Hauptkostenstellen verteilt werden. Sie können sich im Einzelfall für eine Vorgehensweise entscheiden.

Errechnung der Zuschlagssätze

Sind die Kosten je Kostenstelle summiert, so können Sie die Zuschlagssätze ermitteln. Dazu muss noch eine Zuschlagsbasis ermittelt werden. Im Material- und Fertigungsbereich greift man auf die Lohnsummen zurück.

Beispiel: Ermittlung der Zuschlagssätze

Zuschlags-sätze	**Fert.-Material**	**Fert.-Lohn I**	**Fert.-Lohn II**	**Herstell-kosten**	**Herstell-kosten**
Zuschlags-basis	53.230	5.636	6.053	91.966	91.966
Ist-Zuschlags-satz	**11,29 %**	**177,18 %**	**182,58 %**	**18,10 %**	**18,25 %**
Fertigungs-stunden		364	395		
Fertigungs-stunden-satz		42,92	43,30		

Die Zuschlagssätze für die Materialgemeinkosten werden folgendermaßen ermittelt:

Materialkosten	53.230
Materialgemeinkosten	6.009
Zuschlagssatz	(6.009 x 100)/53.230 = 11,29 %

Die Fertigungsgemeinkosten für den Fertigungsbereich I bekommen folgenden Zuschlagssatz:

Fertigungslöhne	5.636
Fertigungsgemeinkosten	9.986
Zuschlagssatz	(9.986 x 100)/5.636 = 177,18 %

Die Fertigungsgemeinkosten für den Fertigungsbereich II bekommen folgenden Zuschlagssatz:

Fertigungslöhne	6.053
Fertigungsgemeinkosten	11.052
Zuschlagssatz	(11.052 x 100)/6.053 = 182,58 %

Für die Bereiche Verwaltung und Vertrieb ermittelt man die Herstellkosten des Umsatzes. Dazu werden Material, Löhne und Gemeinkosten zusammengefasst, etwa in der folgenden Art:

Fertigungsmaterial	53.230
+ Materialgemeinkosten	6.009
+ Fertigungslöhne	11.689
+ Fertigungsgemeinkosten	21.038
= Herstellkosten des Umsatzes	91.966

Daraus ergeben sich für Verwaltung und Vertrieb folgende Zuschlagssätze:

Verwaltung =	(16.649 x 100)/91.966 = 18,10 %
Vertrieb =	(16.782 x 100)/91.966 = 18,25 %

Die Zuschlagsätze, die sich aus dem BAB ergeben, werden in der Kostenträgerrechnung (in der Kalkulation) genutzt.

In die Berechnung der Herstellkosten des Umsatzes müssten noch die Mehr- und Minderbestände an fertigen Erzeugnissen mit eingerechnet werden. Dies ist hier der Übersichtlichkeit halber unterblieben.

Die Verrechnung innerbetrieblicher Leistungen

Im Beispiel zum Betriebsabrechnungsbogen wurde wie selbstverständlich dargestellt, wie Nebenkostenstellen auf Hauptkostenstellen umgelegt wurden. Das hört sich einfacher an, als es in Wirklichkeit ist. Zu diesen regelmäßig (meist monatlich) vorgenommenen Umlagen kommen noch unregelmäßige innerbetriebliche Leistungen, die auf die Hauptkostenstellen zu verrechnen sind.

Man unterscheidet dabei:

- **Zwischenleistungen:** Hierbei leistet eine Kostenstelle an eine andere Kostenstelle. Diese Leistungen sind betriebsnotwendig, da die empfangende Kostenstelle ihre Aufgabe ohne diese Leistung nicht erfüllen kann. Eine genaue Erfassung dieser Leistung und der damit verbundenen Kosten ist unbedingt nötig.
- **Beileistungen:** Hierbei handelt es sich um Leistungen der Allgemeinen und Hilfskostenstellen, die ebenfalls betriebsnotwendig sind. In der Regel ist eine exakte Erfassung nicht möglich und eine Verteilung über Schlüssel angebracht.
- **Nebenleistungen:** Diese Leistungen fallen zwangsweise mit an und hängen von der Hauptleistung des Betriebes ab (siehe auch bei Kuppelprodukten/Kuppelkalkulation).

Insbesondere in Kleinbetrieben wird oft auf eine Umlage und innerbetriebliche Leistungsverrechnung verzichtet. Das kann zu erheblichen Abweichungen im Kostenbild führen. Allerdings sollten Sie vor Einführung umständlicher Umlageberechnungen und komplizierter Schlüsselungen prüfen, ob sich dieser Aufwand lohnt. Wenn die Kosten, die durch innerbetriebliche Leistungen entstehen, weniger als 5 Prozent der Gesamtkosten betragen, kann auf die Umlage und Verrechnung verzichtet werden. In größeren Abständen (alle 1 bis 2 Jahre) sollten Sie diese Situation aber immer wieder überprüfen.

Zur innerbetrieblichen Leistungsverrechnung gibt es verschiedene Verfahren:

Beim **Anbauverfahren** werden die innerbetrieblichen Leistungen über einfache Divisionen auf die Hauptkostenstellen verrechnet. Dieses ist das einfachste, allerdings auch genaueste Verfahren.

Beim **Treppenverfahren** werden immer die nachgelagerten Kostenstellen belastet. Dabei können auch Nebenkostenstellen berücksichtigt werden. Dieses Verfahren wird in BAB-Beispielen meist angeführt. Wichtig dabei ist aber, dass die Kostenstellen in einer überlegten und richtigen Reihenfolge aufgeführt werden.

Das **Gleichungsverfahren** ist verhältnismäßig aufwendig, da mithilfe linearer Gleichungen die gegenseitigen Verrechnungen verschiedener Kostenstellen berücksichtigt werden.

Eine einfache, deswegen aber nicht zwangsweise ungenaue Methode ist die Verteilung der innerbetrieblichen Leistungen über **feste Verrechnungssätze**. Die laufende Ermittlung innerbetrieblicher Verrechnungssätze kann entfallen. Wichtig ist aber die Überprüfung in größeren Abständen.

Wofür fallen Kosten an: Kostenträgerrechnung

Unter Kostenträgern sind die in einem Industriebetrieb in einer Abrechnungsperiode hergestellten Leistungseinheiten zu verstehen. Dabei kann es sich um reine Mengengrößen (Stück), aber auch um Serien, Sorten, Aufträge oder Chargen handeln. Die Kostenträgerrechnung fragt danach, welche Kosten in welcher Höhe auf die hergestellten Produkte entfallen.

Die Kostenträgerrechnung gliedert sich in die

- Kostenträgerstückrechnung (die eigentliche Kalkulation) und die
- Kostenträgerzeitrechnung (die Ergebnisrechnung).

Die Kostenträgerrechnung

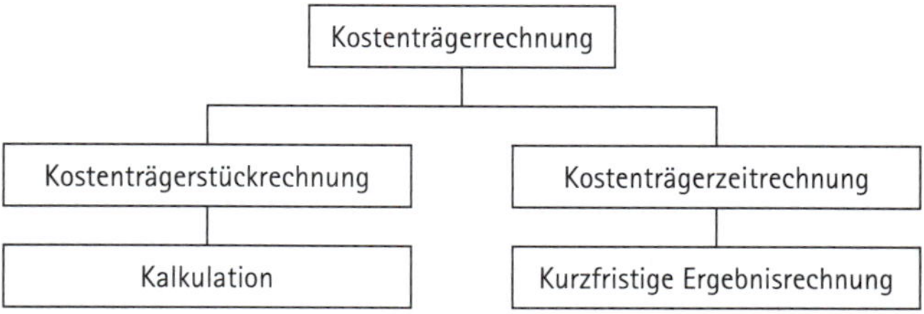

Die Kostenträgerstückrechnung

Die Aufgabe der Kalkulation ist es, die Kosten je Leistungseinheit (meist je Stück) zu ermitteln. Diese Stückkosten dienen gleich mehreren Zwecken:

- Es können die Herstellkosten für die Bestandsbewertung ermittelt werden (Kostenrechnung und Finanzbuchhaltung).
- Es können die Selbstkosten für die Preisgestaltung ermittelt werden (Verkauf).
- Die Selbstkosten stehen auch für die Erfolgsrechnung zur Verfügung (Kostenrechnung, Unternehmensführung).

Welche Kalkulationsarten gibt es?

Man unterscheidet zwischen Vor-, Nach-, Zwischen- und Plankalkulation.

- Die **Vorkalkulation** dient vor allem der Angebotsrechnung und der Preisbildung. Sie soll die vermutlich in der Zukunft entstehenden Kosten ermitteln.
- Die **Nachkalkulation** dient der Ermittlung der bereits realisierten Kosten und damit zur Kontrolle der Vorkalkulation und der Erfolgsermittlung.
- Die **Zwischenkalkulation** findet man vor allem dort, wo Produkte mit langer Fertigungsdauer hergestellt werden (Maschinenbau, Schiffsbau, Hochbau u. a.).

- Die **Plankalkulation** ist der Vorkalkulation verwandt. Für eine vorherbestimmte, genau abgegrenzte Planperiode werden die Stückkosten genau festgelegt. Das setzt ein vorhandenes Plankostenrechnungssystem voraus.

Welche Kalkulationsformen Sie nutzen können

Die rechentechnische Umsetzung der Kalkulation nennt man Kalkulationsverfahren oder Kalkulationsform. Bei allen vier genannten Kalkulationsarten können Sie die gleichen Formen verwenden. Hauptsächlich benutzt man

- die Divisionskalkulation,
- die Zuschlagskalkulation und
- die Kuppelkalkulation.

Die Divisionskalkulation

Die einfache Divisionskalkulation ist vor allem dann angebracht, wenn Ihr Unternehmen ein einziges Produkt in großen Stückzahlen herstellt oder nicht lagerfähige Leistungen erstellt (Energieerzeuger, Transportunternehmen) und Produktions- und Absatzmenge in einer Abrechnungsperiode übereinstimmen.

$$\frac{\text{Gesamtkosten der Periode}}{\text{Produzierte Menge}} = \text{Kosten/Leistungseinheit}$$

Beispiel

$$\frac{100.000 \text{ EUR}}{1.000 \text{ Einheiten}} = 100 \text{ EUR/Einheit}$$

Stimmen die produzierte und abgesetzte Menge einer Abrechnungsperiode nicht überein, so können Sie die Divisionskalkulation dadurch verfeinern, dass die Herstellkosten durch die produzierte Menge und die Verwaltungs- und Vertriebskosten durch die abgesetzte Menge dividiert werden. So vermeiden Sie, dass die auf Lager gehenden Erzeugnisse insbesondere mit den Vertriebskosten belastet werden.

Die Divisionskalkulation gibt es in unterschiedlichen Ausprägungen. Die höchstentwickelte Form ist die Äquivalenzziffernrechnung, bei der die angefallenen Fertigungs- und Vertriebskosten mithilfe von Wertungsziffern auf die Kostenträger verteilt werden. Diese Methode kommt bei einer Sortenfertigung in Frage.

Die Zuschlagskalkulation

Die Zuschlagskalkulation wird vor allem in Unternehmen benutzt, die eine differenzierte Produktion (Einzel- oder Serienfertigung) haben. Bei der Zuschlagskalkulation rechnen Sie den Kostenträgern die Einzelkosten direkt und die Gemeinkosten über (meist prozentuale) Zuschläge an.

Beispiel

Materialkosten	25,00
Materialgemeinkosten (10 %)	2,50
Fertigungslöhne	50,00
Fertigungsgemeinkosten (150 %)	75,00
Herstellkosten	152,50
Verwaltungskosten (15 %)	22,88
Vertriebskosten (18 %)	27,45
Gesamtkosten/Stück	202,53

Auch die Zuschlagskalkulation gibt es in verschiedenen Differenzierungen.

- Bei der summarischen Zuschlagskalkulation wird quasi der ganze Betrieb als eine Kostenstelle verstanden.
- Die differenzierte Zuschlagskalkulation – für die das vorausgegangene Beispiel eine einfache Variante zeigt – geht detaillierter vor. Je nach Unternehmensart (Industrie, Großhandel, Handel, Dienstleistungsunternehmen) ist auch die Zuschlagskalkulation anders ausgestaltet.

Die Kuppelkalkulation

Kuppelprodukte entstehen zwangsläufig bei der Herstellung eines anderen Produktes.

Beispiel

Bei einer Ölmühle, die nur bis zu einem bestimmten Grad presst (etwa um die sogenannten „kaltgepressten Öle" herzustellen), entsteht ein Kuppelprodukt. Bei der Pressung der Ölsaat entsteht das Hauptprodukt: das Speiseöl (z. B. aus Sonnenblumenkernen das Sonnenblumenöl). Die verbleibende, gepresste Saat bildet den Ölkuchen. Dieser kann als zusätzliches Produkt verkauft werden: an die Margarineindustrie, die diesen Mutterkuchen weiter auswertet, oder an Landwirte, die diesen an ihre Tiere verfüttern.

Die Methode zur Ermittlung der Kosten für die Kuppelprodukte nennt man Restwertrechnung oder Subtraktionsmethode.

Beispiel

Wird für den Verkauf des Ölkuchens ein Erlös von 1.500 EUR erzielt und betragen die Gesamtkosten für die Pressung dieser Charge 9.000 EUR, so wird die Restwertrechnung folgendermaßen durchgeführt:

Gesamtkosten	9.000 EUR
Erlös Nebenprodukt	1.500 EUR
Restkosten der Produktion	7.500 EUR

Wurde eine Pressausbeute von 2.500 Litern erzielt, so betragen die Herstellkosten je Liter 3,00 EUR.

Neben der Restwertrechnung gibt es noch die Marktwertrechnung, die immer dann angewendet wird, wenn das Kuppelprodukt nicht als Nebenprodukt entsteht, sondern eine gleich wichtige Bedeutung wie das andere Produkt hat.

Die Kostenträgerzeitrechnung

> Die Aufgabe der Kostenträgerzeit- oder Betriebsergebnisrechnung ist die Ermittlung des Betriebserfolgs.

Um den Angebotspreis festzulegen, können bei der Vollkostenrechnung die Einzelkosten ziemlich genau vorausberechnet werden, während die Gemeinkosten mithilfe der Normalgemeinkosten-Zuschlagssätze vorausgeplant werden.

Vergleichen Sie nach Beendigung der Produktion die vorausgeplanten Kosten, Normalkosten genannt, mit den tatsächlich angefallenen Kosten, Ist-Kosten genannt, so ergeben sich in aller Regel Abweichungen, nämlich Kostenüberdeckungen oder Kostenunterdeckungen. Diese Information bildet die Grundlage für die kurzfristige Erfolgs- und Ergebnisrechnung.

Das kurzfristige Betriebsergebnis errechnet sich unter Berücksichtigung der Kostenabweichungen wie folgt:

	Verkaufserlöse der Abrechnungsperiode
–	Verrechnete Normalkosten
=	Umsatzergebnis der Abrechnungsperiode
+	Kostenüberdeckung der Abrechnungsperiode
–	Kostenunterdeckung der Abrechnungsperiode
=	Betriebsergebnis der Abrechnungsperiode

Kostenüberdeckungen verbessern, Kostenunterdeckungen verschlechtern das Betriebsergebnis. Die Ermittlung der Selbstkosten und des Betriebsergebnisses wird mithilfe des Kostenträgerzeitblattes durchgeführt.

Man unterscheidet zwei grundsätzliche Verfahren für die kurzfristige Erfolgsrechnung:

- das Gesamtkostenverfahren,
- das Umsatzkostenverfahren.

Das Gesamtkostenverfahren

Beim Gesamtkostenverfahren ziehen Sie von den Gesamtleistungen der Abrechnungsperiode (den Umsätzen) die gesamten Kosten der Periode ab. Dieses Verfahren ist zwar relativ einfach durchzuführen, der Nachteil liegt aber darin, dass zwar die Leistungen, nicht aber die Kosten nach Kostenträgern differenziert sind.

Das Betriebsergebnis wird beim Gesamtkostenverfahren folgendermaßen ermittelt:

Umsatzerlöse	
+/–	Bestandsveränderungen
+	Aktivierte Eigenleistungen
=	Gesamtleistung (der Kostenträger)
–	Gesamtkosten (der Kostenstellen)
=	Betriebsergebnis

Dieses Verfahren eignet sich nur für Unternehmen mit einem oder sehr wenigen Produkt(en).

Das Umsatzkostenverfahren

Beim Umsatzkostenverfahren ermitteln Sie den Betriebserfolg, indem Sie den Umsatzerlösen die Kosten der abgesetzten Mengen gegenüberstellen. Kosten und Erlöse sind dabei nach Produktarten (oder mindestens nach Produktgruppen) gegliedert. So können Sie den Erfolg jeder Produktart oder -gruppe erkennen.

Das Betriebsergebnis wird beim Umsatzkostenverfahren folgendermaßen ermittelt:

Umsatzerlöse (der Kostenträger)	
–	Kosten der abgesetzten Kostenträger
=	Betriebsergebnis (je Kostenträger)

Das Umsatzkostenverfahren kann sowohl auf Vollkostenbasis als auch auf Teilkostenbasis durchgeführt werden.

Welche Informationen liefern die verschiedenen Systeme?

Die bisher beschriebenen Grundlagen der Kostenrechnung finden sich in unterschiedlichen Ausprägungen in verschiedenen Kostenrechnungssystemen wieder. Die bekanntesten lernen Sie in diesem Kapitel kennen:

- Istkostenrechnung (S. 56),
- Normalkostenrechnung (S. 56),
- Plankostenrechnung (S. 59),
- Deckungsbeitragsrechnung (S. 63),
- Prozesskostenrechnung (S. 68),
- Zielkostenrechnung (S. 75).

Die Istkostenrechnung

Die Istkostenrechnung ist die älteste und ursprünglichste Form eines Kostenrechnungssystems. Dabei werden alle in einer Abrechnungsperiode tatsächlich angefallenen Kosten (die Ist-Kosten) kostenarten- und kostenstellenweise gesammelt und in der gleichen Periode auf die hergestellten Erzeugniseinheiten verteilt. Eine zeitliche Abgrenzung oder eine Abgrenzung nach der Höhe gibt es nicht.

Damit ist die Istkostenrechnung weder für Kalkulationszwecke noch für die Erfolgsrechnung brauchbar und deshalb auch in dieser einfachen Form nur noch in kleineren Betrieben zu finden. Allenfalls für die Nachkalkulation ist sie in bestimmten Fällen einsetzbar.

Die Normalkostenrechnung

Wie bei der Istkostenrechnung werden zunächst innerhalb einer Zeitperiode die tatsächlich angefallenen Kosten (Ist-Kosten) getrennt nach Kostenarten und Kostenstellen gesammelt und verteilt. In der Kostenträgerrechnung werden allerdings die Kostenträger von Monat zu Monat mit gleich bleibenden Sätzen – den Normalkosten-Verrechnungssätzen – belastet.

Dadurch werden folgende Nachteile ausgeschaltet:

- Schwankungen im Istkostenanfall der einzelnen Monate,
- Beschäftigungsschwankungen.

In größeren Perioden (jährlich, halbjährlich, quartalsweise) werden die verrechneten Kosten dem tatsächlichen Kostenanfall angepasst.

Wie Sie Normalkosten-Verrechnungssätze ermitteln

Wesentliches Merkmal dieses Kostenrechnungssystems ist also der Normalkosten-Verrechnungssatz. Ausgangspunkt zur Berechnung sind die Normalkosten und die Normalbeschäftigung. Die Normalkosten werden aus den Ist-Kosten der Vergangenheit als arithmetisches Mittel gebildet. Die Bestimmung der Normalbeschäftigung erfolgt ähnlich. Der Mittelwert der Istbeschäftigung wird als Normalwert angesehen.

Der Normalkosten-Verrechnungssatz wird folgendermaßen ermittelt:

$$\text{Normalkosten-Verrechnungssatz} = \frac{\text{Normalkosten (in EUR)}}{\text{Normalbeschäftigung (in Einheiten)}}$$

Kostenstellenumwertung in das Betriebsergebnis einbeziehen

Das Vorgehen der Normalkostenrechnung führt zu Schwierigkeiten bei der monatlichen Erfolgsrechnung. Denn Sie können den Kostenträgern zunächst nur die verrechneten Normalkosten anlasten und auch nur diese den Umsatzerlösen gegenüberstellen. Die auf diese Weise ermittelte Summe der Produkterfolge kann aber mit dem Betriebsergebnis nicht identisch sein. Die Differenz wird in der Normalkostenrechnung Kostenstellenumwertung oder Kostenüber- bzw. Kostenunterdeckung genannt.

- Wenn mehr Kosten auf die Träger verrechnet werden als angefallen sind, spricht man von einer positiven Kostenstellenumwertung (einer Kostenüberdeckung),
- im umgekehrten Fall von einer negativen Kostenstellenumwertung (einer Kostenunterdeckung).

Diese Kostenstellenumwertung müssen Sie aber ebenfalls in das Betriebsergebnis einbeziehen, weil dieses nur aus der Gegenüberstellung von Erlösen und tatsächlich angefallenen Kosten eines Monats errechnet werden kann.

Umsatzerlöse	
–	Verrechnete Normalkosten
=	Bruttoerfolg
+/–	Kostenstellenumwertung (Über-/Unterdeckung)
=	Betriebsergebnis

Vor allem in Unternehmen mit differenziertem Produktionsprogramm bereitet die Einbeziehung der Kostenstellenumwertung in die Erfolgsrechnung nicht unerhebliche Schwierigkeiten. Es wurden deshalb unterschiedliche Methoden entwickelt, die das Problem dieser Umwertung minimieren sollen. Mehr als eine Minimierung ist bei diesem System auch nicht zu erreichen.

Die Normalkostenrechnung können Sie insbesondere bei der Angebotskalkulation und Preisbildung besser verwenden als die Istkostenrechnung. Die Nachteile bei der Ergebnisrechnung werden allerdings auch durch diese Methode nicht ganz beseitigt.

Die Plankostenrechnung

Bei der Plankostenrechnung stellen Sie den tatsächlich angefallenen Kosten einer Periode (den Ist-Kosten) errechnete Vorgabewerte (die Soll-Kosten) gegenüber. Entsprechen die Ist-Zahlen den Soll-Zahlen, so ist damit eine wirtschaftliche Arbeitsweise des Betriebes dokumentiert. Überschreiten die Ist-Zahlen die Soll-Zahlen, so müssen Sie die Abweichungen analysieren und begründen. Auch bei dieser Methode können Sie auf die Erfassung der Ist-Kosten nicht verzichten.

Kostenabweichungen von besonderer Bedeutung sind:

- Preisabweichungen,
- Verbrauchsabweichungen und
- Beschäftigungsabweichungen.

Formel für die Ermittlung einer Preisabweichung:

Ist-Kosten II =
Ist-Verbrauchsmenge x Plan-Verrechnungspreis x Ist-Beschäftigung

Ist-Kosten I =
Ist-Verbrauchsmenge x Ist-Beschaffungspreis x Ist-Beschäftigung

Preisabweichung = Ist-Kosten II – Ist-Kosten I = Über-/Unterschreitung

Beispiel

Planverrechnungspreis:	5,– EUR/kg
Ist-Beschaffungspreis:	4,80 EUR/kg
Ist-Verbrauchsmenge:	22 kg/Stück
Ist-Beschäftigung:	900 Stunden/Monat

Ist-Kosten II =

22 kg/St. x 5 EUR/kg x 900 St./Monat = 99.000 EUR/Monat

Ist-Kosten I =

22 kg/St. x 4,80 EUR/kg x 900 St./Monat = 95.040 EUR/Monat

Preisabweichung =

99.000 EUR/Monat – 95.040 EUR/Monat = + 3.960 EUR/Monat

So ermitteln Sie die Plankosten

Bei der Ermittlung der Plankosten richten Sie sich nach den Gegebenheiten des Betriebes. Sie können dazu Konstruktionsunterlagen, Pläne, Auslastungsaufzeichnungen, Rezepturen etc. heranziehen, soweit es sich um das Fertigungsmaterial (und damit eine Fertigungskostenstelle) handelt. Der Ausgangspunkt für die Fertigungslöhne liegt in Arbeitsablaufplänen und/oder Untersuchungen der Arbeitsvorbereitung.

Istwerte der Vergangenheit dienen nur in Ausnahmen der Festlegung von Planwerten.

Ein wesentlicher Bestandteil dieses Systems ist die Einbeziehung einer Planbeschäftigung. Sie können nicht immer davon ausgehen, dass eine volle Auslastung des Betriebes gegeben ist. Aus den verschiedenen Ansätzen zur Einbeziehung der Beschäftigung hat sich die sogenannte engpassorientierte Beschäftigung als brauchbare Methode herauskristallisiert.

- Engpass können die Arbeitskräfte sein. Sind für bestimmte Schichten oder Zeiten keine oder kaum Arbeitskräfte zu bekommen, so sind diese Zeiten in der Planrechnung nicht zu berücksichtigen.
- Engpass kann eine Produktionsstufe (oder Maschine) sein, welche die anderen Produktionsstufen ausbremst. Die Kapazität dieser Stufe oder Maschine ist dann Ausgangspunkt für die Planbeschäftigung.
- Engpass kann aber auch der Absatz sein; möglicherweise ist dies die häufigste Variante. Es kann zwar viel produziert, aber nur eine bestimmte Menge abgesetzt werden. Dann ist dies für die Planrechnung anzusetzen.

Arten der Plankostenrechnung

Ist eine Anpassung der Plankosten an Beschäftigungsänderungen nicht möglich, so spricht man von einer starren Plankostenrechnung. Solch eine Methode ist unflexibel und eigentlich heute nicht mehr zeitgemäß.

> Wenn Sie die Plankostenrechnung als Methode einsetzen möchten, sollten Sie eine der Varianten der flexiblen Plankostenrechnung wählen.

Eine heute weit verbreitete Methode ist die **Variatormethode.** Dabei wird für jede Kostenart nur ein Planwert ermittelt. Allerdings müssen Sie jede Kostenart in fixe und proportionale Anteile aufgliedern. Der Grad der Proportionalität wird durch den Variator dargestellt. Ist eine Kostenart zu 60 % proportional und zu 40 % fix, so hat der Variator einen Wert von 6. Mithilfe dieses Variators können Sie nun die Kostenarten aufspalten und die proportionalen Plankosten der Beschäftigung entsprechend in Sollkosten umwandeln. Bei Beschäftigungsschwankungen lassen sich dann die Sollkosten entsprechend anpassen.

Eine andere Form der flexiblen Plankostenrechnung ist die **Grenzplankostenrechnung**. Dabei werden ebenfalls die Kosten in fixe und proportionale Anteile aufgespalten, allerdings nicht mittels eines Variators umgerechnet, sondern direkt eingesetzt.

> Die Plankostenrechnung ist also eine Methode, die speziell für die Ermittlung und Untersuchung von Kostenabweichungen nützlich ist. Außerdem fördert sie das Entstehen von Kostenbewusstsein im Unternehmen und ist der Ist- und Normalkostenrechnung meistens vorzuziehen.

Die Deckungsbeitragsrechnung

Bei dem Begriff Teilkostenrechnung könnte leicht die Vermutung aufkommen, dass nicht alle Kosten berücksichtigt werden. Das ist aber falsch. Die Deckungsbeitragsrechnung in all ihren Ausprägungen berücksichtigt immer alle im Unternehmen entstandenen und entstehenden Kosten. Die Art der Zurechnung auf Kostenträger ist aber eine entscheidend andere.

Direct Costing

Die einfachste Form dieser Methode kam gegen Ende der 60er-Jahre aus den USA nach Europa. Damit wurde aber kein Neuland betreten, denn die Proportionalkostenrechnung, die ähnlich konzipiert war, wurde bereits diskutiert. Das Prinzip ist einfach:

- Die variablen Kosten werden direkt von den Umsatzerlösen der einzelnen Produkte abgezogen.
- Die Summe aller verbleibenden „Deckungsbeiträge" wird um die gesamten Fixkosten gemindert.

Auf diese Weise können Sie feststellen, ob die einzelnen Produkte überhaupt einen „Deckungsbeitrag" erbringen. Ist dieser negativ, kann gesagt werden, dass dieses Produkt noch nicht einmal die variablen Kosten decken kann. Jeder positive Deckungsbeitrag eines Produkts hingegen trägt zur Deckung der fixen Kosten bei.

Beispiel: Direct Costing

Produkt	Erstes	Zweites	Drittes	Viertes
Umsatz	45.450	67.380	12.970	101.310
variable Kosten	33.022	45.190	4.500	95.600
Deckungsbeitrag	12.428	22.190	8.470	5.710
Summe der Deckungsbeiträge:				48.798
– fixe Kosten				– 37.080
Betriebsergebnis				**11.718**

Ein Mangel des Direct Costing ist sicherlich, dass zwar jetzt die variablen Anteile der einzelnen Kostenträger deutlicher werden, eine Aussage zur Wirtschaftlichkeit jedes einzelnen Produkts jedoch nicht getroffen werden kann.

Die Methode des Direct Costing ist in drei Schritten umsetzbar:

1. Zerlegen Sie die Kosten jeder Stelle in direkte und fixe Kosten.
2. Bewerten Sie Erzeugnisse nur mit direkten Kosten.
3. Setzen Sie die gesamten Fixkosten erst von der Summe aller Differenzen ab.

Stufenweise Fixkostendeckung

Die stufenweise Fixkostendeckung geht ein ganzes Stück weiter als das Direct Costing. Sie untersucht die fixen Kosten näher, um herauszufinden, ob eine Zuordnung zu den Kostenträgern oder Kostenträgergruppen möglich ist. In der

Regel lassen sich fixe Kosten separieren, die speziellen Produkten und/oder Produktgruppen zugeordnet werden können. Erst für den Rest der fixen Kosten, für den eine Zuordnung nicht ohne Willkür erreicht werden kann, unterbleibt die Aufteilung, und der letzte verbleibende Deckungsbeitrag sollte ausreichen, diesen abzudecken.

Beispiel: Stufenweise Fixkostendeckung

Produktgruppe	**1**		**2**	
Produkt	**Erstes**	**Zweites**	**Drittes**	**Viertes**
Umsatz	45.450	67.380	12.970	101.310
variable Kosten	33.022	45.190	4.500	95.600
Deckungsbeitrag I	12.428	22.190	8.470	5.710
Produkt-Fixkosten	3.707	5.699	970	6.300
Deckungsbeitrag II	8.721	16.491	7.500	–590
Produktgruppen-Fixkosten	8.308		4.200	
Deckungsbeitrag III	16.904		2.710	
Zusammenfassung DB III	19.614			
Unternehmens-Fixkosten	7.896			
Betriebsergebnis	**11.718**			

Durch diese Kostendifferenzierung bei den fixen Kosten wird deutlich, welches Produkt wirklich Ertrag bringt und welches Produkt nicht. Nun können Sie gezielt Maßnahmen ergreifen, etwa:

- Kostensenkungsprogramme für bestimmte Produkte oder Produktgruppen erarbeiten und durchsetzen (insbesondere dort, wo ein schwacher oder negativer Deckungsbeitrag von einem Produkt oder einer Produktgruppe erzielt wird).
- Die Preisgestaltung entsprechend der Deckungsbeitragssituation für die Produkte überarbeiten und anpassen (dies natürlich immer mit Blick auf den Markt. Eine unpassende Preiserhöhung sorgt möglicherweise anstatt für eine bessere Kostendeckung für einen Umsatzeinbruch).
- Gezielte Marktbearbeitung zur Umsatzausweitung (insbesondere bei solchen Produkten, die einen starken Deckungsbeitrag leisten).

Konkrete Hilfestellung bietet Ihnen die Deckungsbeitragsrechnung darüber hinaus insbesondere bei

- der Ermittlung von Preisuntergrenzen,
- der Entscheidung zur Annahme eines Zusatzauftrags,
- der Entscheidung, ob Fremdbezug der Eigenfertigung vorgezogen werden soll.

Problem Kostenauflösung

So deutlich die Vorteile der stufenweisen Fixkostendeckung sind, so schwierig ist es, eine sinnvolle und brauchbare Kostenauflösung zu realisieren. Es hört sich so einfach an: Fixe und variable Kostenbestandteile müssen getrennt werden. In der Praxis ist das aber gar nicht so einfach. Letztendlich müssen Sie jeden Kostenbetrag daraufhin untersuchen, ob dieser sich bei abnehmender Beschäftigung verringert oder weitgehend unverändert bleibt.

Es wurde eine Reihe von Verfahren entwickelt, die bei der Kostenauflösung helfen sollen. Dabei unterscheidet man die

- statistischen und die
- analytischen Verfahren.

Zu den **statistischen Verfahren** gehört beispielsweise die Regressionsanalyse. Sie ist nur dann einsetzbar, wenn für mehrere Beschäftigungsgrade die Kosten gegeben sind. Die Kostenaufspaltung in variable Kosten und Fixkosten erfolgt dann mithilfe einer Formel, in die zuvor errechnete Werte eingesetzt werden. Diese Methode ist sehr aufwendig, aber auch sehr genau.

Die **analytischen Verfahren** differenziert man in einstufige und mehrstufige Verfahren. Dabei wird im Prinzip jede Kostenart auf ihre fixen und variablen Anteile untersucht. Wo eine direkte Aufteilung nicht möglich ist, werden einfache Rechenverfahren benutzt, um die Kosten aufzuschlüsseln. Die bereits erwähnte Variatormethode ist ein solches Verfahren.

Die Prozesskostenrechnung

Warum sollten Sie diese Methode anwenden?

In den letzten Jahrzehnten ist der Kapitaleinsatz in den Unternehmen, bedingt durch einen immer höheren Automatisierungsgrad, stark gestiegen. Hoher Kapitaleinsatz sowie die Zunahme der Variantenvielfalt und Sonderfertigungen erhöhen den Gemeinkostenblock im Unternehmen stark.

Es ergibt sich ein erhöhter Rationalisierungsdruck, da der Markt nicht mehr jeden Preis für die Produkte hergibt:

- In den Produktionen wird immer weiter rationalisiert. Der Lohnanteil, der über Arbeitsplätze direkt auf die Produkte zu verrechnen ist, wird immer geringer.
- Gleichzeitig steigt aber der Kapitaleinsatz für Maschinen und Anlagen sowie für die dispositiven Produktionsbereiche wie EDV und Logistik.
- Die typischen Gemeinkostenbereiche Verwaltung und Vertrieb werden ebenfalls immer teurer.

Die traditionellen Kostenrechnungssysteme verrechnen die Gemeinkosten über Schlüsselungen und damit größtenteils nicht verursachungsgerecht. Sie sind deshalb zunehmender Kritik ausgesetzt.

> Die relativ neue Methode der Prozesskostenrechnung nimmt insbesondere auf die veränderte Situation in den Kostenbereichen Rücksicht.

Wie funktioniert Prozesskostenrechnung?

Die Prozesskostenrechnung ist ein Kalkulationsverfahren, das den gesamten Produktentstehungsprozess begleitet und alle produktbezogenen Tätigkeiten verursachungsgerecht zu erfassen versucht. Durch die prozessgenaue Kostenerfassung werden dann auch Ergebnisrechnungen möglich, die eine sichere Basis für geschäftsfeldbezogene Strategien bilden.

Die Einführung der Prozesskostenrechnung sollte in mehreren Stufen im Unternehmen erfolgen:

- Zunächst die Integration in das Gesamtsystem zur Rechnungslegung und Ergebnisrechnung.
- Danach die Integration in die elektronische Datenverarbeitung (EDV).
- Abschließend die Integration in alle Leistungsbereiche der Unternehmung.

Der Kostenbegriff in der Prozesskostenrechnung

Die Prozesskostenrechnung ist ein neuer betriebswirtschaftlicher Ansatz, der den gesamten Prozess der Produktentstehung in die Kostenrechnung einbezieht. Es wird nicht mehr unterschieden in fixe und variable Kosten, sondern in leistungsmengen-neutrale (lmn) und leistungsmengen-induzierte (lmi) Prozesse. Methodisch werden alle Unternehmensbereiche in die Rechnung einbezogen.

Die Prozesskostenrechnung basiert auf dem Activity Based Costing, das in den 1980er Jahren in den USA entwickelt wurde. Sie unterscheidet sich aber dadurch, dass nicht die Aktivitäten, sondern die sich aus Aktivitäten zusammensetzenden Prozesse berücksichtigt werden.

Aufgebaut wird auf den Daten der Kostenarten- und Kostenstellenrechnung und den Stücklisten und Arbeitsplänen. Es wird eine prozessorientierte Tätigkeitsanalyse der Gemeinkostenbereiche erarbeitet.

> Der Kern ist dabei die Ermittlung und Abgrenzung von produktbezogenen Prozesskostensätzen, die verursachungsgerecht in die Produktkalkulation und Produktergebnisrechnung einbezogen werden.

1. Beim Aufbau der Prozesskostenrechnung wird zunächst das fertigungsprozessbezogene Datengerüst analysiert und die direkt zurechenbaren von den indirekten Kosten getrennt.
2. Die indirekten Fertigungsbereiche sind auf die prozessorientierte Verarbeitung der Datenströme in den Arbeitsplänen umzustellen.
3. In der nächsten Stufe werden die Gemeinkostenbereiche
   - Beschaffung,
   - Forschung und Entwicklung,
   - Logistik,
   - Arbeitsvorbereitung, Produktionsplanung und -steuerung,
   - Qualitätssicherung,

- Auftragsabwicklung,
- Vertrieb und Versand,
- EDV und allgemeine Verwaltung

auf ihre prozessbezogene Leistungserstellung untersucht und ihre Einflussgrößen bestimmt. Diese Einflussgrößen sind Tätigkeiten, die bestimmte Zeiten verbrauchen und damit Kosten verursachen und die als prozessbezogene Tätigkeits-Standardkosten (PTS) die Rechengrundlage bilden.

Aufspüren der Kostentreiber

Jedem im Produktentstehungsprozess ausgelösten Vorgang folgt eine Tätigkeit, die Kosten verursacht. Die Tätigkeit ist ein Teilprozess und wird Kostentreiber (Cost-Driver) genannt. Da der Prozess der Produktentstehung über viele Kostenstellen verläuft, müssen Sie analog dazu die produktprozessbezogenen Tätigkeiten über die entsprechenden Kostenstellen zu Hauptprozessen zusammenfassen, bewerten und in Arbeitspläne einbeziehen.

Hauptprozesse können beispielsweise sein:

- Aufträge abwickeln,
- Produktänderungen durchführen,
- Händler betreuen,
- Produktion planen und steuern,
- Reklamationen bearbeiten.

In den Kostenstellen, in denen nach leistungsmengen-neutralen (lmn) und leistungsmengen-induzierten (lmi) Prozessen unterschieden werden kann, verrechnen Sie die lmn-Prozesse prozentual auf die lmi-Prozesse. Damit sind mindestens 80 % der Gesamtkosten im Unternehmen prozessorientiert verrechnet. Die restlichen Kosten wie Geschäftsleitungskosten verrechnen Sie über sinnvolle Verteilungsschlüssel traditionell.

Da die Gemeinkosten prozessorientiert über alle Stufen des Produktentstehungsprozesses in die Kalkulation einfließen, erfolgt auch eine Einbeziehung aller relevanten Gemeinkosten, ohne diese über Zuschlagssätze verrechnen zu müssen. Der betriebswirtschaftliche Grundsatz, möglichst viele Kosten verursachungsgerecht zu verrechnen, ist damit erfüllt.

Voraussetzung für die Einführung einer Prozesskostenrechnung ist eine ausreichend differenzierte Vollkostenrechnung und eine moderne EDV-Struktur.

Die Methode der Prozesskostenrechnung

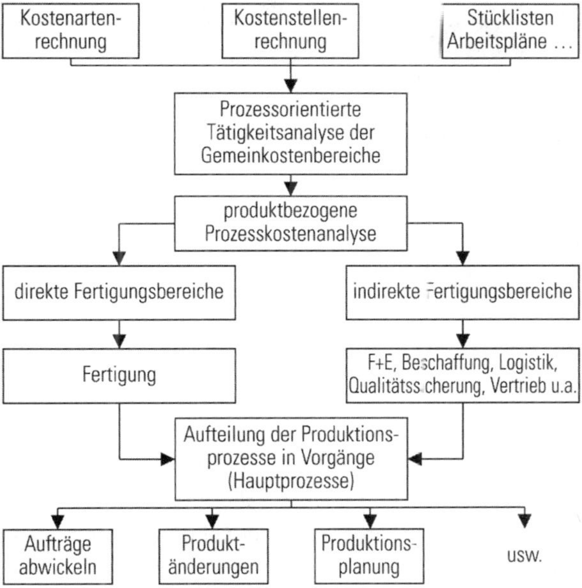

Ansatz zum Umdenken

Von Kritikern wird die Prozesskostenrechnung als eine Rückkehr zur Vollkostenrechnung abgelehnt. Befürworter verweisen darauf, dass diese Methode es ermöglicht, normalerweise als „fix" festgeschriebene Gemeinkosten einer betriebswirtschaftlich sinnvollen Analyse zugänglich zu machen. Die Planung der indirekten Bereiche und der Kalkulation würde so verbessert.

Die Prozesskostenrechnung bietet sich daher als zusätzliches Instrument zum bisher im Unternehmen eingesetzten Kostenrechnungssystem an. Sie muss die klassischen Systeme nicht vollständig verdrängen, sondern kann deren Mängel bei der Analyse und Verrechnung der Gemeinkosten ausgleichen.

Ein prozessbezogenes Kostenrechnungssystem baut auf den Haupteinflussgrößen auf, die den Prozess bestimmen, und auf den Tätigkeiten, welche die Kosten verursachen (Kostentreiber). Die Bestimmung der Kostentreiber ist eines der schwierigsten Probleme bei der Einrichtung der Prozesskostenrechnung. Sie werden von der aufbau- und ablauforganisatorischen Gestaltung der Unternehmung und den eingesetzten strategischen Erfolgsfaktoren bestimmt.

Das wichtigste Argument für eine stufenweise Einführung der Prozesskostenrechnung ist der innovative Sprung im Unternehmen, der zu leisten ist. Die Prozesskostenrechnung erfordert ein Umdenken sowohl bei Führungskräften als auch Mitarbeitern und ein neues methodisches Vorgehen im Controlling und der Datenverarbeitung.

Unternehmen, die sich mit der verursachungsgerechten Zuordnung ihrer Kosten auf die Produkte sehr früh beschäftigen, haben erkennbare Wettbewerbsvorteile gegenüber Unternehmen, die mit veralteten Kostenverrechnungen zu falschen – oder zumindest ungünstigen – operativen und strategischen Entscheidungen geführt werden.

Welche Vorteile bringt die Prozesskostenrechnung?

Durch die Prozesskostenrechnung können Sie insbesondere in den indirekten Leistungsbereichen eine bessere Transparenz von Kosten und Leistungen erreichen. Auch wenn die Ansätze der Prozesskostenrechnung auf der Vollkostenrechnung beruhen, ist die Methodik der Verrechnungssatzkalkulation der Kostenverrechnung auf Basis wertorientierter Zuschlagssätze vorzuziehen. Die Prozesskostenrechnung muss vor allem vor dem Hintergrund der langfristig orientierten Ressourcensteuerung beurteilt werden.

Die Zielkostenrechnung

Ein anderes Wort für dieses Kostenrechnungssystem ist Target Costing. Es ist in Japan weit verbreitet, gewinnt aber mehr und mehr auch bei uns an Bedeutung. Es ist ein stark marktorientiertes, produktbezogenes System. Sie gehen hier von folgender Fragestellung aus: „Was darf ein Produkt kosten?"

Die Abteilungen des Unternehmens erhalten Zielkostenvorgaben, die sie einhalten müssen. Das zwingt in vielen Fällen zu kreativen Lösungsansätzen, um zu einer Kostenoptimierung zu gelangen. Ohne eine abteilungsübergreifende Zusammenarbeit ist das allerdings in den wenigsten Fällen realisierbar. Insofern hat dieses System eine ganzheitliche Tendenz.

Ein wichtiges Merkmal dieses Systems ist die Zielkostenspaltung. Die Kosten werden in Zielkosten für Produktfunktionen bzw. Produktkomponenten aufgeteilt. Dabei müssen auch Kosten für Dienstleistungen (wie Kundendienst, Garantieleistungen, Versand) berücksichtigt werden. Als Ergebnis werden Kosten- und Nutzenanteile der einzelnen Produktkomponenten einander gegenübergestellt. Dabei sollte der Nutzenanteil deutlich über dem Kostenanteil liegen.

Durch die deutliche Markt- und Kundenorientierung bereits vor der Produktentwicklung bieten sich also frühzeitig Möglichkeiten der Kostenbeeinflussung, die in anderen Kostenrechnungssystemen entweder vernachlässigt werden oder überhaupt nicht gegeben sind.

Kostenrechnungssysteme im Vergleich

Die vorgestellten Kostenrechnungssysteme stellen nicht nur unterschiedliche Ansätze der Kostenrechnung dar, sondern auch gleichzeitig die Entwicklung, welche die Kostenrechnung in den letzten vierzig Jahren genommen hat.

Man kann nun aber nicht sagen, dass die älteren Systeme grundsätzlich ihre Bedeutung verloren haben und nur noch die neueren Entwicklungen sinnvoll einzusetzen wären. Es gibt sogar zahlreiche Unternehmen, die auch heute noch keine Kostenrechnung einsetzen. Der Weg zu einem individuellen, den betrieblichen Erfordernissen entsprechenden System kann durchaus über die Ist- und/oder Normalkostenrechnung führen.

> Sie sollten in einem kleinen Betrieb mit wenigen Mitarbeitern und ohne die nötige EDV-Ausstattung (und vor allem Erfahrung) nicht gleich ein Prozesskostenrechnungssystem einführen.

Ein Vergleich der vorgestellten Systeme muss unter diesem Gesichtspunkt betrachtet werden. Außerdem wurde nur ein knapper Überblick gegeben. Manche Differenzierung der verschiedenen Systeme (Optimalkostenrechnung, Proportionalkostenrechnung, Standard-Grenzpreisrechnung) und auch neuere, eigenständige Entwicklungen (z. B. Gewinnkosten-Wertanalyse) wurde der Übersicht halber unterschlagen.

Entwicklung der Kostenrechnung

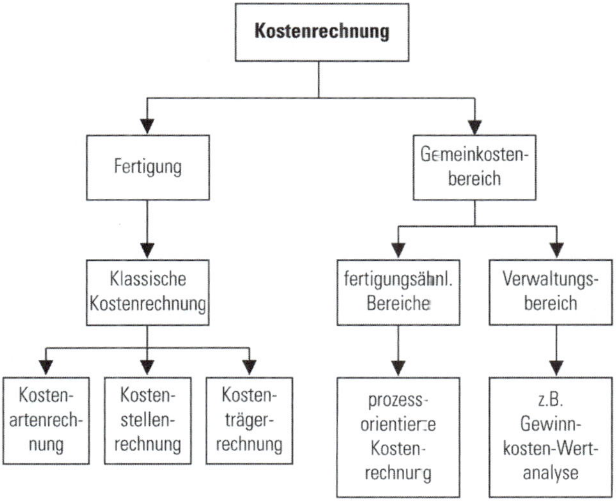

Vergleichende Übersicht

Kriterien	Ist-KoRe	Normal-KoRe	Plan-KoRe	Deck.Beitr. KoRe	Prozess-KoRe
Haupt-einsatz-bereich	Gesamt-unternehmen	Gesamt-unternehmen	Produktion	Gesamt-unternehmen	Indirekter Bereich
Bevorzugt betrachtete Kosten	Gesamt-kosten	Gesamt-kosten	proportionale Kosten	proportionale und Fixkosten	Gemein-kosten
Kalkulation	pauschal	pauschal über Verrech-nungssätze	pauschal über Zuschlags-sätze	pauschal über Zuschlags-sätze	differenziert je Kosten-träger
Kosten-spaltung	keine	keine	fix und proportional	fix und proportional	leistungs-mengen-induziert und leistungs-mengen-neutral
Ausrichtung des Systems	operativ	operativ	operativ	operativ	Strategisch/ operativ
Entschei-dungsunter-stützung	kurzfristig	kurzfristig	kurzfristig/ mittelfristig	kurzfristig/ mittelfristig	Mittel- und langfristig
Markt-orientierung	nicht gegeben	nicht gegeben	kaum gegeben	zum Teil gegeben	Durch strategisches Kosten-management gegeben

Vollkostenrechnung oder Teilkostenrechnung?

Ein Beispiel soll Ihnen die unterschiedliche Art und Weise der Erfolgsermittlung bei Voll- und Teilkostenrechnung darstellen.

Beispiel: Erfolgsermittlung der Vollkostenrechnung

Eine kleine Ölmühle vermarktet drei Ölsorten auf dem Markt für biologische Lebensmittel:

- Sonnenblumenöl
- Sesamöl und
- Distelöl

	Sonnen-blumenöl	Sesamöl	Distelöl
Umsatzerlöse	370.000	260.000	175.000
– Kosten	375.000	220.000	169.000
= Erlös des Kostenträgers	– 5.000	40.000	6.000
Rang	3	1	2
= Betriebsergebnis		**41.000**	

Aufgrund dieser Auswertung nach Vollkostenrechnung ist das eindeutig beste Produkt das Sesamöl. Die Verkaufsbemühungen sollten sich auf dieses Produkt konzentrieren, da es den höchsten Ertrag abwirft. Außerdem könnten Sie hier überlegen, ob nicht das Sonnenblumenöl aus dem Programm genommen werden soll, da weiterer Umsatz auch weitere negative Erträge nach sich ziehen würde.

Die Betrachtung nach der Teilkostenrechnung bietet ein anderes Bild. Die Gemeinkosten wurden in fixe und proportionale Bestandteile aufgespalten. Die fixen Kosten werden ohne Verrechnung dem Betriebsergebnis gegenübergestellt, die variablen Kosten dem Kostenträger zugeordnet.

Beispiel: Erfolgsermittlung der Teilkostenrechnung

	Sonnenblumenöl	Sesamöl	Distelöl
Umsatzerlöse	370.000	260.000	175.000
– variable Kosten	310.000	205.000	159.000
= Deckungsbeitrag	60.000	55.000	16.000
Rang	1	2	3
= Bruttobetriebsergebnis		131.000	
fixe Kosten		90.000	
= Nettobetriebsergebnis		**41.000**	

Nach dieser Rechnung wird deutlich: Alle Produkte haben einen Deckungsbeitrag erwirtschaftet. Es ist sogar zu einer Verschiebung der Rangfolge gekommen. Wäre das Sesamöl im Verkauf favorisiert worden, so hätte man zwar nicht ganz daneben gegriffen, das effektivere Sonnenblumenöl aber übersehen. Möglicherweise wäre sogar ein Rückgang des Sonnenblumenöls und dadurch eine erhebliche Deckungsbeitragsminderung die Folge gewesen.

> Das Beispiel könnte auch die Frage über die Annahme eines Zusatzauftrages beantworten. Die Ablehnung eines Zusatzauftrages Sonnenblumenöl zugunsten des Sesamöls hätte ebenfalls die Deckungsbeitragsminderung zur Folge.

Eine Warnung ist an dieser Stelle auszusprechen: Solch eine (in diesem Fall vereinfachte) Rechnung legt nahe, die Fixkosten nicht näher zu betrachten. Zur Bestimmung von Preisuntergrenzen werden einzig die variablen Kosten berücksichtigt. Das geht langfristig schief! Für eine gewisse Zeit mag ein Unternehmen auf die Deckung eines Teils der anfallenden Kosten verzichten können, um das Unternehmen besser auszulasten oder eine verlorene Marktposition wieder aufzuholen. Auf Dauer kann dies aber zu einem nicht unerheblichen Substanzverlust führen.

> Das Arbeiten mit Deckungsbeiträgen zur Preisgestaltung kann in Zeiten der Unterbeschäftigung richtig sein, darf in Zeiten der Vollbeschäftigung aber so nicht fortgeführt werden.

Preispolitik und Kostenrechnung

Eine wichtige Aufgabe der Kostenrechnung (ganz gleich, welches System dabei eingesetzt wird) ist es, die Preispolitik des Unternehmens zu unterstützen.

> Jeder Kostenrechner möchte erreichen, dass möglichst alle anfallenden Kosten durch den Verkauf eines Produktes gedeckt werden und darüber hinaus ein ausreichender Erlös erzielt wird.

Dies ist also als langfristiges Ziel immer anzustreben. In bestimmten Perioden können Sie aber auch kurzfristig davon abweichen. Sie müssen sich dabei fragen, welche Kosten kurzzeitig nicht gedeckt werden müssen, ohne das Unternehmen zu gefährden.

Bei der **Deckungsbeitragsrechnung** wurde bereits gezeigt, dass ein Ansatz darin liegen kann, die Kosten so auf die Kostenträger (Produkte) aufzuteilen, dass der Deckungsbeitrag für die fixen Kosten erkennbar wird. Jedes Produkt kann dann zu einem Preis angeboten werden, der diesen Deckungsbeitrag enthält.

Das preispolitische Instrument **Grenzkostensatz** basiert auf einer ähnlichen Überlegung. Die Kosten werden in

- fixe (beschäftigungsunabhängige) und
- proportionale (beschäftigungsabhängige) Kosten

aufgespalten. Da die proportionalen Kosten nur anfallen, wenn ein Auftrag ausgeführt wird, müssen diese Kosten gedeckt werden. Auf die Deckung der Fixkosten (oder eines Teils dieser Kosten) können Sie kurzzeitig verzichten, da sie auch anfallen, wenn der Auftrag nicht ausgeführt wird.

> Das hört sich sehr theoretisch an, ist in der Praxis aber durchaus vertretbar. Angenommen, der Markt stagniert oder ist rückläufig und Ihr Betrieb ist nicht voll ausgelastet. Eine Senkung der Fixkosten ist nicht mehr möglich und auch nicht wünschenswert, da Sie in naher Zukunft von einer positiven Marktentwicklung ausgehen. (Hätten Sie zum Beispiel Fachpersonal abgebaut, wäre es schwierig, dieses wiederzubekommen bzw. schnell einzuarbeiten). Dann kann jeder Auftrag, der wenigstens die zusätzlichen proportionalen Kosten für die Durchführung dieses Auftrages deckt, zur Überbrückung der Durststrecke hilfreich sein. Immerhin besteht dadurch auch die Chance, wenigstens einen Teil der Fixkosten wieder hereinzubekommen.

Keinesfalls sollten Sie diese Methode jedoch dazu benutzen, um eine Marktposition über längere Zeit zu sichern. Die Praxis hat gezeigt, dass solcherart eroberte Marktpositionen brüchig sind, da Preise nicht plötzlich beliebig und ohne Konsequenzen angehoben werden können.

Ein weiterer Ansatz ist die **Liquiditätspreisuntergrenze**. Die Kosten werden dabei nach dem Einfluss auf die Liquidität aufgegliedert in:

- „stark ersatzbedürftige" und
- „schwach ersatzbedürftige" Kosten.

„Stark ersatzbedürftige" Kosten sind solche, die relativ schnell zu einer Geldausgabe führen, z. B. Löhne und Mieten. In Zeiten schlechter Beschäftigung können Sie zur Überbrückung auch solche Aufträge annehmen, die nur einen Teil der „schwach ersatzbedürftigen" Kosten decken. Damit ist zumindest kurzfristig keine Verschlechterung der Liquidität, also drohende Zahlungsunfähigkeit verbunden.

Eine spezielle Form ist die **Projektkostenrechnung**. Dabei werden einmaligen organisationsübergreifenden Leistungen eigene Kostenträger zugeordnet. Dies dient dazu, Kalkulation und Kontrolle solcher zeitlich begrenzter Projekte zu ermöglichen. Damit gehört diese Form eher in den Bereich des Kostenmanagements (siehe dazu das folgende Kapitel).

Wie Sie Kosten senken und lenken

Die ursprüngliche Aufgabe der Kostenrechnung war die Kostenkontrolle. Sie hatte möglichst zeitnah Unwirtschaftlichkeiten aufzudecken und war so eher vergangenheits-, bestenfalls gegenwartsorientiert. Vor dem Hintergrund stagnierender Märkte und zunehmender Konkurrenz muss die Kostenrechnung heute auch den zukünftigen Aspekt miteinbeziehen.

In diesem Kapitel erfahren Sie

- wie Sie durch Kostenmanagement Kosten senken (S. 86) und
- wie Sie mit Kostensteuerung Kosten beeinflussen (S. 91).

Kosten senken durch Kostenmanagement

Zu einer modernen Unternehmensführung gehört auch die Planung, Kontrolle und Steuerung des mengen- und wertmäßigen Güterverbrauchs, d. h. der Kosten. Hierzu benötigen Sie entscheidungsrelevante Informationen und Methoden, die von der Kostenrechnung zur Verfügung gestellt werden sollten.

> Das Kostenmanagement zielt dabei auf eine frühzeitige, möglichst schon bei der Planung mitberücksichtigte Kostenminimierung bei einer gegebenen Qualität und Beschäftigung.

Voraussetzung dafür ist aber ein funktionierendes, modernes Kostenrechnungssystem.

Was erreichen Sie mit Kostenmanagement?

> Allgemeines Ziel des Kostenmanagements ist die Senkung des gesamten Kostenniveaus.

Hierzu reicht manchmal die regelmäßige Kostenplanung und die darauf aufbauende periodische Kostenkontrolle aus. Da Untersuchungen aber gezeigt haben, dass die Kosten bereits schon in früheren Phasen (z. B. bei der Entwicklung) definitiv festgelegt werden, wird deutlich, dass diese Methode vor allem im Bereich der industriellen Produktion kaum Wirkung zeigen kann. Hier ist der Einsatz von Instrumenten nötig, die bereits in der Entwicklungsphase auf Kostenbeeinflussung hinzielen.

Ansatzpunkte für ein effektives Kostenmanagement sind:

1 Die vor allem in Japan entwickelte „cost reduction", womit die Beeinflussung der Kosten in der Konstruktionsphase beschrieben wird.

2 Ebenso die Methode der Vereinbarung von Zielkosten (Target Costing). Entwickler und Konstrukteure bekommen Kostenziele vorgegeben, die bei der Entwicklung zu berücksichtigen und einzuhalten sind. Abgeleitet werden diese Kostenziele aus der Marktsituation und der langfristigen (Gewinn- und Ertrags-)Planung auf unternehmensbezogener (nicht produktbezogener) Ebene.

3 Die Analyse der Kostenstruktur.

- Eine Aufstellung der Kostenarten, geordnet nach Rangfolgen, gibt Aufschluss über die Zusammensetzung des Gesamtkostenblocks.
- Die regelmäßige Analyse über Perioden lässt Trends und Veränderungen erkennen (auch Erfolge in den Bemühungen, die Kosten zu beeinflussen)
- Entdeckt man z. B. die Verlagerung bei den Personalkosten von den direkten Lohnkosten zu indirekten Gehaltskosten über mehrere Perioden und untersucht die Gründe dafür, so werden diese nicht selten in Rationalisierungsinvestitionen früherer Perioden lokalisiert. Auch hier wird das Kostenmanagement zukünftig bereits bei der Investitionsentscheidung ansetzen müssen.

> Eine übergeordnete Aufgabe des Kostenmanagements ist die Schaffung einer möglichst hohen Kostentransparenz im Unternehmen. Nicht die bis ins kleinste ausgefeilte Kostenarten- und Kostenstellengliederung schafft Transparenz, sondern überschaubare und logische Einheiten.

Dies stellt hohe Anforderungen an die Kostenstellenanalyse und das Berichtswesen. Kostentransparenz wird aber auch durch die Schaffung von Organisationsstrukturen, die der betrieblichen Situation angemessen sind, gefördert (z. B. flache Führungshierarchien, Profitcenter, segmentierte Fertigungseinheiten).

Werkzeuge des Kostenmanagements

Aufbauend auf das vorhandene Kostenrechnungssystem sollten Sie für ein wirkungsvolles Kostenmanagement folgende Werkzeuge einführen:

- Ein **Berichtswesen** mit Soll-Ist-Vergleich, das die Informationen den kostenstellenverantwortlichen Bereichs- oder Abteilungsleitern sowie der Geschäftsführung zeitnah und regelmäßig zur Verfügung stellt. Dabei sollte das Prinzip der stufenförmigen Verdichtung eingehalten werden: Je weiter nach oben die Informationen wandern, je mehr sollten sie verdichtet sein.
- Ein **Kennzahlensystem**, das es ermöglicht, auch Trends und Entwicklungen darzustellen. Kennzahlen sollten also nicht isoliert und in großen zeitlichen Abständen abgeliefert, sondern regelmäßig und im Zusammenhang dargestellt werden.

- Die **grafische Darstellung** der wichtigsten Ergebnisse in sinnvoller und anschaulicher Form ergänzt die genannten Punkte um eine wesentliche Variante. Nicht selten verdeutlicht erst die grafische Darstellung eine Situation.
- Eine **ABC-Analyse** der Kostenstruktur zeigt nicht nur (negative) Veränderungen und neue Entwicklungen auf, sondern auch die Ergebnisse des Kostenmanagements.

Möglicherweise ist es auch sinnvoll, wenn Sie dem vorhandenen Kostenrechnungssystem eine neue Dimension anfügen: die Betrachtung der betrieblichen Aktivitäten und Prozesse in der sogenannten Prozesskostenrechnung. Dadurch können Sie Kostentreiber lokalisieren, die bei der bisherigen kostenarten- und kostenstellenorientierten Betrachtungsweise außer Acht gelassen wurden; z. B. die uneffektive Zusammenarbeit verschiedener betrieblicher Bereiche, die für Überstunden, Verzögerungen im Produktdurchlauf etc. verantwortlich sein könnte.

Checkliste: Kostenmanagement einführen

	✓
▪ Bereinigen Sie Ihr Kostenstellensystem. Betrachten Sie es unter dem neuen Blickwinkel des Kostenmanagements: Kosten sollen nicht mehr nur festgestellt, sondern auch beeinflusst werden.	
▪ Reduzieren Sie indirekte Bereiche, in denen hohe Gemeinkosten verursacht werden.	
▪ Prüfen Sie, ob in jedem Fall eine tiefe Differenzierung der Kostenstellen nötig ist.	

- Überprüfen Sie Ihre Kosteneinteilung in fixe und variable Kosten auf Aktualität und Richtigkeit.
- Schaffen Sie sich ein Kennzahlensystem mit wenigen, aber für Ihre Situation speziellen Kennzahlen, die regelmäßig (monatlich, quartalsweise) erstellt und geprüft werden.
- Stellen Sie wichtige Daten und Kennziffern auch in grafischer Darstellung zur Verfügung.

Kostenmanagement als Methode zur frühzeitigen Kostenbeeinflussung

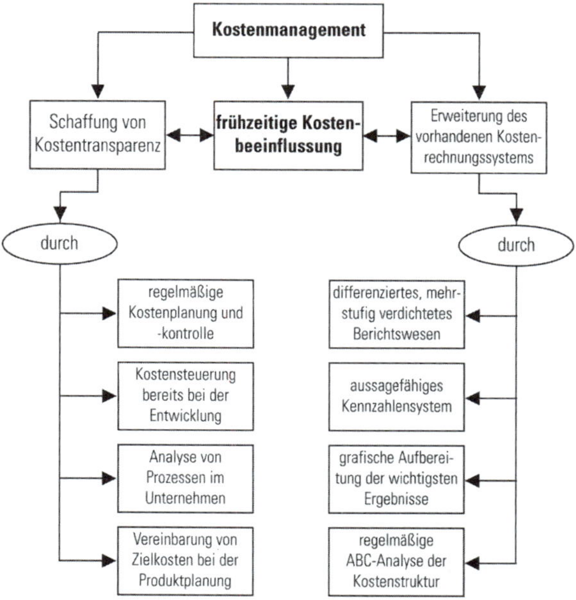

Kosten beeinflussen durch Kostensteuerung

Innerhalb des Kostenmanagements nimmt die Kostensteuerung und hier vor allem die Fixkostensteuerung einen besonderen Stellenwert ein.

> Gerade in Situationen der wirtschaftlichen Stagnation oder Rezession ist die Beeinflussung der fixen Kosten von hoher Bedeutung.

Dabei müssen Sie ganz besonders auf eine ausreichende Kostenflexibilität achten. Mit Kostenflexibilität ist die Anpassung an die wirtschaftliche Entwicklung gemeint. Insbesondere ist das Kostenverhalten im Zusammenhang mit der laufenden und geplanten Unternehmensentwicklung zu prüfen.

Steuern Sie die fixen Kosten

Bei zurückgehenden Erträgen oder gar bei negativem Betriebsergebnis liegt die Chance für das Unternehmen nicht selten hauptsächlich in der Anpassung der Fixkosten. Zwar können Sie diese nicht ohne weiteres an die wirtschaftliche Entwicklung angleichen, Möglichkeiten der Fixkostensteuerung gibt es aber dennoch:

- Eine Chance für die betroffenen Unternehmen liegt in solchen wirtschaftlichen Phasen in der Reduzierung. Die Reduzierung auf ein ertragreiches Kerngeschäft und damit auch die Reduzierung der Fixkosten auf die ertragsrelevanten Bereiche. Sie müssen dabei aber berücksichtigen, dass die Anpassung der Fixkosten i. d. R. zeitversetzt der Bereichsreduzierung hinterherhinkt (Berücksichtigung von Kündigungsfristen, Abfindungen und Sozialplänen, Verluste bei Anlagenverkäufen etc.). Nicht immer wird eine Reduzierung aber so vollständig realisiert werden können.

- Um trotzdem eine sinnvolle und effektive Fixkostensteuerung aufbauen zu können, sollten Sie die vorhandene Kostenauflösung in fixe und variable Kosten auf ihren Aussagewert neu untersuchen und ggf. auch neu regeln. Möglicherweise ist diese der veränderten Situation anzupassen, möglicherweise ist auch eine bessere Differenzierung vorzunehmen.
- Eine Erkenntnis der Fixkostentheorie ist die, dass sich Fixkosten innerhalb bestimmter Kapazitätsgrenzen ändern. Man spricht dabei von sprungfixen Kosten, die über ein bestimmtes Beschäftigungsintervall gleich bleiben, dann aber plötzlich anwachsen oder zurückgehen. Die Kenntnis dieser Sprungstellen ist für das Controlling der Fixkosten sehr wichtig. Kleine Intervalle, d. h. eine relativ flexible Anpassung der Fixkosten an die wirtschaftliche Entwicklung, bieten der Kostensteuerung die besten Anpassungsmöglichkeiten.

Fixkosten-Controlling

Die im Zusammenhang mit dem Kostenmanagement genannten Werkzeuge dienen auch dem Fixkosten-Controlling. Sie können Vorhandenes also nutzen und müssen es gegebenenfalls nur neu ordnen und/oder strukturieren.

- So kann z. B. eine einstufige Deckungsbeitragsrechnung durch einen mehrstufigen Ausbau (Differenzierung der fixen Kosten, z. B. in erzeugnisabhängige, gruppenabhängige, bereichsabhängige und unternehmensbezogene Fixkosten) dem gesteigerten Interesse an den Fixkosten Rechnung tragen und entsprechende Entscheidungsgrundlagen liefern.
- Auch die Wertanalyse – die Ist-Zustände in Frage stellt und Rationalisierungsmöglichkeiten sucht – kann zu einer Fixkostenreduktion führen.
- Die Analyse von Aufträgen (Auftragsgröße, Kosten je Auftrag etc.) und die Optimierung von Bestellmengen zeigen ebenso Anpassungsmöglichkeiten für Fixkosten auf.
- Die Ergänzung des vorhandenen Kennzahlensystems um Einzelkennzahlen zur Fixkostensteuerung dient insbesondere der Beobachtung von Trends und Entwicklungen in der Fixkostenentwicklung.

Ein oft unterschätzter Punkt ist die Bereitschaft der Belegschaft, am Kostenmanagement mitzuwirken. Motivierte Mitarbeiter sind ein erheblicher Faktor, der ganz entscheidenden Einfluss auf das Kostenniveau haben kann. Beziehen Sie Ihre Mitarbeiter so weit als möglich in die Konzepte zur Kostenbeeinflussung ein und informieren Sie ausreichend, regelmäßig und zeitnah. Nehmen Sie alle Anregungen Ihrer Mitarbeiter ernst. Auch wenn nicht jeder Vorschlag umsetzungsrelevant sein sollte – ein Mitarbeiter, der angehört wird, fühlt sich ernst genommen und denkt auch weiterhin mit.

Kostensteuerung realisieren

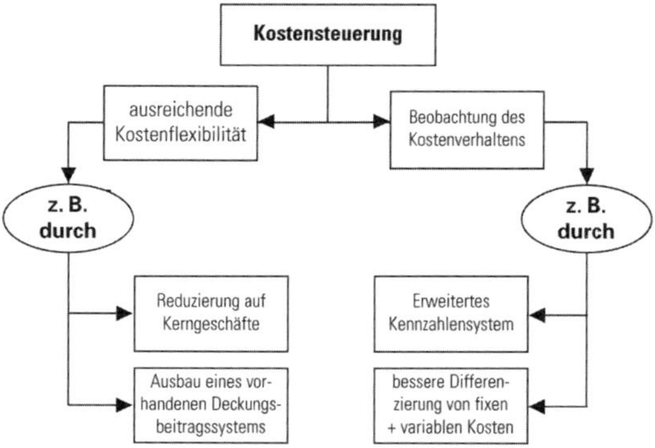

Einsatzmöglichkeiten in der Praxis

In der Praxis treten verschiedene Detailprobleme auf, die direkt mit den speziellen Systemen, den Gegebenheiten des Unternehmens und individuellen Anforderungen zu tun haben. Die Kostenrechnung muss Fragen aus der Praxis beantworten können, da sie sonst als Instrument der Unternehmenssteuerung versagen würde. In den folgenden Abschnitten werden exemplarische Themen behandelt.

Lesen Sie

- welche Verfahren zur Fixkostendeckung in Frage kommen (S. 96),
- wie Gemeinkosten erfasst und kontrolliert werden (S. 98),
- wie Lagerbestände unter Kostengesichtspunkten zu optimieren sind (S. 99) und
- welche Kennzahlen zur Kontrolle der Personalkosten dienen (S. 101).

Wie werden fixe Kosten gedeckt?

Kosten können Sie aus verschiedenen Blickwinkeln betrachten und analysieren. Den Blickwinkel geben in der Regel die Erfordernisse Ihres Betriebes vor. Ein Unternehmen, das weitgehend auftragsbezogen arbeitet, wird die Kosten anders anschauen als ein Unternehmen, das eher typenorientiert (nach Erzeugnissen oder Abteilungen) arbeitet.

Auftrags- und typenabhängige Kosten sind in einer differenzierten Erfolgsrechnung nach Kunden, Erzeugnissen und Verkaufsabteilungen zu übernehmen. Das ist unproblematisch. Es bleibt dann das Problem der Fixkostendeckung. Dabei handelt es sich ausschließlich um die Kapazitätskosten.

Kapazitätskosten sind diejenigen Kosten, die zur Bereitstellung der Kapazitäten der Unternehmung – insbesondere bei Fertigungsbetrieben – eingesetzt werden. Die Höhe ist nicht abhängig vom Volumen der ausgebrachten oder abgesetzten Leistungen.

Es gibt drei Möglichkeiten zur Behandlung dieser Kosten:

1. Sie können sie geschlossen in die kurzfristige Erfolgsrechnung übernehmen.
2. Sie können sie planmäßig und stufenweise auf die Verkaufsabteilungen o. Ä. verteilen.
3. Sie können sie zeitlich differenziert verrechnen.

Das dritte Verfahren kann mit dem ersten und zweiten kombiniert werden.

Erstes Verfahren: Die kurzfristige Erfolgsrechnung wird nur bis zum Verkaufsbeitrag durchgeführt. Dann setzen Sie die Kapazitätskosten in einem Betrag von der Summe aller Deckungsbeiträge ab, um den Nettobetriebserfolg Ihres Unternehmens zu erhalten. (Siehe bei Direct Costing, S. 63. Geeignet für kleine Unternehmen mit einer Produktionsabteilung und nicht weiter aufgegliedertem Verkauf).

Zweites Verfahren: Die Kapazitätskosten der Fertigungsstellen verteilen Sie in Form von Soll-Deckungsbeiträgen auf die einzelnen Marktbereiche oder Verkaufsabteilungen. Fixkosten von Betriebsteilen, die nur für einen Vertriebsbereich tätig sind, werden diesem voll zugerechnet. Beachten Sie dabei,

- dass in die Soll-Deckungsbeiträge die unterschiedliche Tragfähigkeit der einzelnen Verkaufsabteilungen einbezogen wird,
- dass die Kosten der Geschäftsführung nicht in die Soll-Deckungsbeiträge der Verkaufsgebiete eingerechnet werden, sondern in den zentralen Deckungsbetrag des Unternehmens.

Drittes Verfahren: Vor allem Unternehmen, bei denen Produktion und/oder Absatz erheblichen saisonalen Schwankungen unterliegen, sind darauf angewiesen. Hier kann es notwendig sein, neben den Kapazitätskosten des Betriebes in Zeiten des schwachen Absatzes auch die Kapazitätskosten der Verwaltung und des Vertriebes in ähnlicher Weise zu speichern wie die Kosten der Fertigerzeugnisse. Das führt zu Nettoerfolgen der einzelnen Perioden. Sie kennen nun

- den Brutto- und Nettoerfolg je Verkaufsabteilung (siehe Normalkostenrechnung, S. 56)
- und können die Bereitschaftskosten mit dem geplanten Absatz verrechnen (unabhängig von Bestandsmehrungen und/oder -minderungen).

Wie kontrolliert man Gemeinkosten?

Um Gemeinkosten kontrollieren zu können, müssen Sie sie zunächst erfassen. Doch wie kommen Sie an diese Kosten heran?

- Sie können sie am Ort ihrer Entstehung, z. B. mithilfe eines Betriebsabrechnungsbogens oder von Kostenstellenkonten erfassen. Auf eine Umlage sollten Sie verzichten.
- Werden die Gemeinkosten unter Mitwirkung der Kostenstellenverantwortlichen budgetiert, können Abweichungen der Ist-Zahlen von den Budgetwerten ermittelt und analysiert werden.

> Stellt sich heraus, dass der Anteil der Gemeinkosten an den Gesamtkosten hoch ist, dann ist die Einführung einer flexiblen Plankostenrechnung oder Deckungsbeitragsrechnung zu empfehlen. Durch die Aufteilung der Gemeinkosten in seine fixen und proportionalen Bestandteile kann eine bessere Anpassung an die unterschiedlichen Beschäftigungssituationen erfolgen.

Budgets sind auch ein gutes Mittel, um Verwaltungs- und Vertriebskosten zu kontrollieren. Bei den Vertriebskosten, insbesondere bei den Kosten des Verkaufs, sollten Sie prüfen, ob von Kostenbudgets auf Ergebnisbudgets unter Einbeziehung der Deckungsbeitragsrechnung übergegangen werden kann.

Zu viele Waren binden zu viel Geld

Das Ideal jedes Verkäufers ist es, ständig und zu 100 % lieferfähig zu sein. Der Kunde ruft an – und die Ware ist immer da. In der Praxis ist dies kaum zu realisieren. Da bestimmte Produkte unterschiedlich gefragt werden, gibt es einige, die sehr lange Liegezeiten im Lager haben, während andere kaum die Regalflächen berühren, bis sie wieder hinausgefahren (oder getragen) werden.

Angenommen der durchschnittliche Lagerbestand beträgt 1.000.000 EUR. Die Reduzierung um 100.000 EUR bringt bereits eine Zinsersparnis von gut 6.000 bis 7.000 EUR pro Jahr. Gerade unter Kostendruck ist auf solche Beträge nicht leicht zu verzichten. Sie müssen also herausfinden, wann ein überhöhter Lagerbestand vorhanden ist und ab wann reduziert werden sollte. Auf ein Lager und eine einigermaßen gute Lieferfähigkeit zu verzichten, kann nicht die Lösung sein. Wenn die Kunden ausbleiben, weil die gewünschten Artikel nicht geliefert werden, hat Ihnen die Einsparung der Lagerkosten nichts genutzt.

Da der Lagerwert wahrscheinlich immer Schwankungen unterworfen ist, besteht die erste Analyse darin, den durchschnittlichen Lagerbestand in einer Periode (meistens eines Jahres) zu ermitteln. Dazu werden Anfangs- und Endbestand addiert und durch 2 dividiert:

$$\frac{\text{Anfangsbestand + Endbestand}}{2} = \text{durchschnittl. Lagerbest.}$$

Wenn Sie diesen durchschnittlichen Lagerbestand zum Umsatz ins Verhältnis setzen, so erhalten Sie die Lagerumschlagsgeschwindigkeit:

$$\frac{\text{Umsatz}}{\text{durchschnittl. Lagerbest.}} = \text{Lagerumschlagsgeschwindigkeit}$$

Genauer wird die Rechnung, wenn Sie mit den einzelnen Monatsbeständen arbeiten. Zu beachten ist dabei, dass Sie dann auch den Divisor anpassen müssen (13 = zwölf Monate plus Anfangsbestand).

Die Lagerumschlagsgeschwindigkeit können Sie nun mit den Branchenwerten vergleichen und erhalten so einen Hinweis auf die Situation Ihres Unternehmens.

> Anzustreben ist natürlich eine hohe Umschlagsgeschwindigkeit. Je geringer die eigene Lagerumschlagsgeschwindigkeit im Vergleich zum Branchendurchschnitt ausfällt, desto notwendiger wird es, die Situation zu analysieren und Veränderungen vorzunehmen.

Wenn Sie weiter differenzieren und nicht nur für das gesamte Lager, sondern für die einzelnen Produktgruppen den Lagerumschlagswert ermitteln, so bieten sich Ansätze für eine gezielte Einkaufs- und Dispositionspolitik. Die meisten Warenwirtschaftssysteme bieten heute – wenn auch nicht immer die fertigen Lagerumschlagszahlen – doch zumindest die Grundlagen für eine wenig aufwendige Ermittlung des Lagerumschlags.

In Zeiten eng werdender Liquidität können Sie hier auch Ansätze für Sofortmaßnahmen finden; etwa zur Forcierung des Verkaufs einzelner Produkte oder Produktgruppen.

Die Lagerumschlagsgeschwindigkeit ist also eine wesentliche Kennzahl zur Steuerung des Warenbestandes mit dem Ziel der Kostenbeeinflussung.

Personalkosten in den Griff bekommen

Im Handel beträgt der Anteil der Personalkosten inzwischen fast 60 %. Sie machen damit also einen erheblichen Anteil der Gesamtkosten aus. Andererseits ist aber auch sicher, dass ohne Personaleinsatz keine Erlöse erzielt werden können. Die Überlegung, durch radikalen Personalabbau die Kosten zu senken und damit den Gewinn zu steuern, führt Sie deshalb nicht in die richtige Richtung. Tatsächlich besteht jedoch in der Regel in diesem Kostenbereich ein nicht unerhebliches Kosteneinsparpotenzial. Die Frage ist nur, wann und wo eingespart werden soll und kann.

Um die Personalkosten einigermaßen einschätzen zu können, werden oft Kennzahlen eingesetzt. Zwei gängige Kennzahlen sind:

$$\text{Personalkosten-/Umsatzquote} = \frac{\text{Personalkosten}}{\text{Umsatz}} \times 100$$

$$\text{Personalproduktivität} = \frac{\text{Umsatz}}{\text{Zahl der Beschäftigten}}$$

Mit beiden Kennzahlen können Sie die Entwicklung der Personalkosten beobachten und die Auswirkungen auf den Umsatz kontrollieren. Sie sagen aber noch nichts darüber aus, wie wirtschaftlich das Personal eingesetzt wird. Hier hilft eine dritte Kennzahl weiter:

$$\text{Personalkostenumschlag} = \frac{\text{Umsatz}}{\text{Personalkosten}}$$

Mit dieser Kennzahl können Sie sowohl den ganzen Betrieb mit anderen (vergleichbaren Betrieben einer Branche) vergleichen, als auch einzelne Mitarbeiter innerhalb des Betriebes einordnen und bewerten. Voraussetzung ist natürlich, dass sich einem Mitarbeiter Umsatzzahlen zuordnen lassen. Das ist z. B. der Fall:

- im Einzelhandel bei Kassensystemen, die eine entsprechende Schlüsselung zulassen,
- im Großhandel bei Computererfassung mit Kennworteingabe für Mitarbeiter,
- auch in kleineren und mittleren Unternehmen, in denen Aufträge mit Kennung des Verkäufers eingegeben werden.

Sie sollten dabei aber darauf achten, nicht alle Mitarbeiter pauschal nach dem Motto zu vergleichen: Die höchste Zahl zeichnet den besten Mitarbeiter aus. Hier sind betriebs- und branchenindividuelle Gegebenheiten zu berücksichtigen. Der Vergleich kann insofern nur innerhalb einer Arbeitsgruppe oder Abteilung durchgeführt und zur Mitarbeitersteuerung genutzt werden.

Kostenrechnung und EDV

Kostenrechnung als selbstständiger Teilbereich des betrieblichen Rechnungswesens ist aus den meisten Unternehmen nicht mehr wegzudenken. Entsprechend vielfältig ist das Softwareangebot dieser Kategorie. In den Betrieben sind selbstentwickelte Lösungen (etwa mit einer Tabellenkalkulation), individuelle Softwareentwicklungen und Standardsoftware im Einsatz.

In diesem Kapitel erfahren Sie

- welche Software für welchen Zweck eingesetzt wird (S. 105) und
- welche Vorteile die computergestützte Kostenrechnung bietet (S. 107).

Schnittstelle Finanzbuchhaltung

> Der Einsatz einer Kostenrechnungssoftware ist nicht nur mit dem Rechnungswesen abzustimmen, sondern auch unter Berücksichtigung der gesamtbetrieblichen Situation und Aufgabenstellung.

Die meisten besseren Buchhaltungsprogramme ermöglichen es, die Kosten von den Kostenarten aus weiterzuleiten – entweder direkt oder geschlüsselt. Dann ist aber meistens schon Schluss. Einige Softwarehäuser bieten Zusatzmodule an, die eine weitergehende Verarbeitung unter Kostenrechnungsgesichtspunkten ermöglichen. Selbst wenn das in dem einen oder anderen Fall nicht möglich ist, so ist diese Art der Weiterleitung von Kosten auf jeden Fall sinnvoll. Der direkte Abgleich der Kostenstellen mit den Kostenarten kann so ohne Schwierigkeiten vorgenommen werden.

> Erledigt Ihr Steuerberater die Buchhaltung über das Rechenzentrum der Datev? Dann sprechen sie doch einmal mit ihm über die Möglichkeit der Weiterverarbeitung in einer Kostenrechnung. Datev kann Ihnen möglicherweise ein Angebot machen. Selbst wenn es nicht ganz passt, können doch möglicherweise Teilaufgaben vorgearbeitet werden.

Die Kostenrechnung im Unternehmen

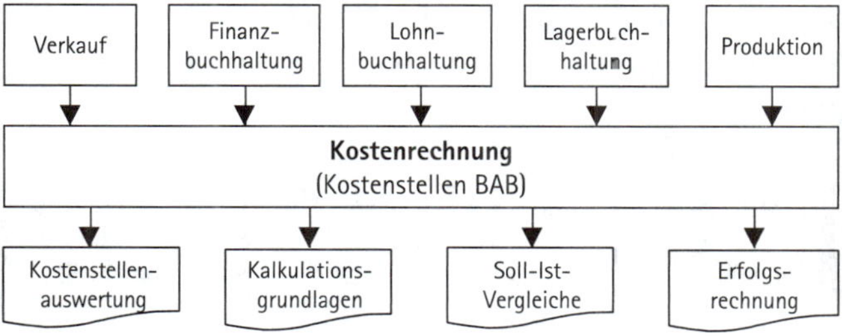

Welche Software soll eingesetzt werden?

In kleineren Betrieben genügt es möglicherweise, die so aufbereiteten Daten in einer Tabellenkalkulation weiterzuverarbeiten und aufzubereiten. Ein Betriebsabrechnungsbogen (BAB) ist schnell erstellt, Kalkulationen lassen sich leicht einrichten und aktualisieren. Mittlere und größere Betriebe werden aber zu Standardsoftware greifen, die entweder direkt an die Buchhaltung angekoppelt oder über eine zu erstellende Schnittstelle mit Informationen bedient wird.

Folgende Anforderungen müssen an die Software gestellt werden:

- Sie sollte zum vorhandenen EDV-System passen.
- Sie muss das für die speziellen Zwecke erforderliche Kostenrechnungssystem beherrschen.
- Sie sollte flexibel genug sein, um auch spezielle Auswertungs- und Darstellungswünsche zu berücksichtigen.

Am ausgefeiltesten und weitentwickelsten sind Programme für Host-Systeme. Aber auch für PCs und PC-Netzwerke gibt es inzwischen ein großes Angebot in unterschiedlichen Leistungsklassen.

> Eine genaue Marktanalyse auf Basis einer die betrieblichen Gegebenheiten berücksichtigenden Anforderungsliste ist deshalb vor Einführung eines EDV-gestützten Kostenrechnungssystems unbedingt erforderlich.

Grundsätzlich sollten Sie von der Individualprogrammierung im großen Stil absehen. Wenn sich mit einfachen Mitteln (Makroprogrammierung in einer Tabellenkalkulation mit vertretbarem Zeitaufwand) keine passenden Lösungen erzielen lassen, so sollten Sie Standardsoftware auswählen.

Was können Kostenrechnungsprogramme?

Das Leistungsspektrum, das eine entsprechende Software bieten sollte, ist:

- Übernahme und Erfassung von Kostenarten,
- Differenzierung der Kosten nach Kostenstellen/fixe und variable Kosten u. Ä.,
- Vergleich von Kostenstellen/Profitcenter/Prozessen (je nach System),
- flexible (und möglichst anpassbare) Auswertungen,
- Kostenabweichungsanalysen (Soll-Ist-Vergleiche),
- Kostenträgerauswertungen (Kalkulationsvorgaben, Erfolgsrechnungen etc.),
- Budgetierung (von Kostenarten und/oder Kostenstellen).

> Gehen Ihre Anforderungen über dieses Leistungsspektrum hinaus, so sollten Sie sich von vornherein nach einer geeigneten Controlling-Lösung umsehen, die Ihre Kostenrechnung gleich mit erledigt.

Eine neuere Entwicklung in der Kostenrechnung geht dahin, Auswertungsdaten direkt den einzelnen Betriebsbereichen wieder zur Verfügung zu stellen. So können etwa Ingenieure und Entwickler zeitnah auf die Auswertungsdaten zugreifen und gegebenenfalls Korrekturen direkt im Produktionsprozess vornehmen. Solche aktivitätsorientierten Kostenrechnungssysteme sind bislang softwaremäßig nur für Großrechnersysteme verfügbar.

> Entscheiden Sie sich für eine PC-Lösung, so achten Sie darauf, ob möglicherweise das gleiche Programm auch auf anderen Systemen (UNIX, IBM AS/400 etc.) verfügbar ist. Bei einem Systemwechsel müssen Sie dann nicht umlernen und können vorhandene Daten und Auswertungen weiter benutzt.

Welche Vorteile bringt Kostenrechnung mit der EDV?

Der Einsatz einer EDV-gestützten Kostenrechnung, die weitgehend in vorhandene Systeme integriert ist, kann in der Regel als vorteilhaft angesehen werden.

- Es entfällt das doppelte Erfassen von Daten.
- Die umständliche Berechnung/Verteilung von Daten wird auf einen geringen Zeitaufwand minimiert.

- Die Aufgaben des Kostenrechners konzentrieren sich auf die Kontrolle und Auswertung der Daten.

In der neueren Entwicklung spielt das Thema Kostenkontrolle und Kostenmanagement eine immer stärkere Rolle. Das Thema Kostenrechnung wird in Richtung Controlling ausgeweitet. Es steht nicht mehr die Kostenverteilung nach Verursachern im Vordergrund, sondern das Umgehen mit Kosten generell. Wenn (unnötige) Kosten nicht mehr entstehen, brauchen Sie sie auch nicht zu verteilen. Wenn Sie unumgängliche, oder besser gesagt, notwendige Kosten kontrollieren können, ist die Problematik der Verteilung und Zuordnung zwar nicht verschwunden, hat aber eine andere Bedeutung.

> Ein besonderes Anliegen des Kostenmanagements ist es, Entwickler und Konstrukteure in den „Kostenprozess" miteinzubeziehen. Untersuchungen haben ergeben, dass in der Konstruktions- und Entwicklungsphase die Weichen für die spätere Kostenentwicklung gestellt werden.

Gelingt es Ihnen, die beteiligten Entwickler in diesen Prozess miteinzubeziehen, so können Sie schon im Vorfeld viel für ein späteres sinnvolles Kostenverhalten tun. Frühzeitige Kosteninformationen können dazu beitragen, möglicherweise im Zusammenhang mit konstruktionsbegleitenden Kalkulationsverfahren, marktgerechte Produkte zu erzeugen.

Die Voraussetzung ist natürlich, dass brauchbare Informationen zeitaktuell zur Verfügung stehen. Ein effektives und computerunterstütztes Informationssystem ist dazu die Voraussetzung.

Glossar

Abschreibungen
Vermögensgegenstände werden in der Finanzbuchhaltung abgeschrieben. Man unterscheidet zwischen planmäßiger Abschreibung, außerplanmäßiger Abschreibung und steuerrechtlicher Abschreibung. Bei allen Methoden werden die Anschaffungs- oder Herstellungskosten auf die geschätzte Gesamtdauer der Verwendung oder Nutzung verteilt. Üblich sind die lineare Abschreibung, degressive Abschreibung sowie die Leistungsabschreibung. Die Kostenrechnung kennt auch die kalkulatorische Abschreibung.

Additive Grenzkosten
Kosten, die aus einer Unternehmenserweiterung resultieren. Sie erhöhen die Gesamtkosten.

Äquivalenzziffernrechnung
In Betrieben mit Sortenfertigung angewandte Kostenträgerstückrechnung (Kalkulation). Mithilfe von – statistisch ermittelten – Kostenrelationen, die man in Äquivalenzziffern ausdrückt, werden die Gesamtkosten auf die einzelnen Produkte verteilt.

Anderskosten
sind Kosten, deren Verbrauchskomponente zwar auch Gegenstand der Buchhaltung ist, dort aber anders bewertet wird als in der Kostenrechnung. Es gibt zwar eine entsprechende Aufwandsgröße, der Betrag beider Größen ist jedoch wegen der abweichenden Zwecke beider Rechnungen verschieden. Beispiel: kalkulatorische Abschreibungen in der Kostenrechnung und bilanzielle Abschreibung in der Buchhaltung.

Aufwendungen
sind Minderungen des Betriebsvermögens. Sie sind aus betrieblicher Veranlassung entstanden und werden dem aktuellen Geschäftsjahr zugerechnet, zu dem sie gehören.

Ausgaben
sind Geschäftsvorfälle, die das Geldvermögen des Betriebes verändern.

Auszahlungen
bezeichnen den Abfluss von Geldmitteln.
Außerordentliche Erträge
Diese Erträge fallen außerhalb der gewöhnlichen Geschäftstätigkeit an. Sie beruhen auf Ereignissen, die ungewöhnlich in der Art sind und selten vorkommen. Dazu gehören u. a. Erträge aus dem Verkauf von Betriebsteilen, Erträge aus dem Verkauf von Beteiligungen, einmalige Zuschüsse der öffentlichen Hand.

BAB
(= Betriebsabrechnungsbogen). Der BAB ist ein Hilfsmittel der betrieblichen Kosten- und Leistungsrechnung. Im Aufbau ist der BAB so gegliedert, dass die Kostenarten wie Einzelkosten, Gemeinkosten etc. untereinander aufgeführt sind. Die Kostenstellen (Verwaltung, Vertrieb etc.) sind dagegen quer aufgeführt. Dadurch ist es möglich, Kostenarten auf Kostenstellen zu verteilen, Kalkulationszuschläge zu ermitteln, Kosten allgemeiner Kostenstellen auf die verursachenden Kostenstellen aufzuteilen und die Effektivität der Kostenstellen zu überprüfen.

Bereitschaftskosten
Kosten, die nicht von den erbrachten Leistungen einer Periode abhängen, sondern allein vom Erhalt der Betriebsbereitschaft.

Betriebsergebnis
Das Betriebsergebnis ergibt sich aus der Gewinn- und Verlustrechnung. Es kann nach dem Gesamtkostenverfahren oder nach dem Umsatzkostenverfahren ermittelt werden.

Beschäftigungsgrad
Der Beschäftigungsgrad kennzeichnet das Verhältnis zwischen der tatsächlichen Ausnutzung des betrieblichen Leistungsvermö-

gens und der insgesamt gegebenen Leistungsfähigkeit. Anders ausgedrückt: das Verhältnis zwischen Ist-Beschäftigung und Vollbeschäftigung.

Deckungsbeitragsrechnung
Man rechnet dabei mit den sogenannten Deckungsbeiträgen, d. h. mit der Differenz aus den Umsatzerlösen und den variablen Kosten. Dabei unterscheidet man nach Brutto- und nach Nettoerfolg. Bruttoerfolg ist gleich Produktionspreis abzüglich der variablen Kosten des Produkts. Der Nettoerfolg errechnet sich aus dem Nettoverkaufspreis minus variable Kosten. Davon werden dann die fixen Kosten abgezogen.

Direct Costing
Ein in den USA entwickeltes einfaches System der Teilkostenrechnung, das auf der Trennung der Kosten in fixe und variable Bestandteile beruht.

Direkte Kosten
Kosten, die einem Produkt direkt zurechenbar sind: Herstellungskosten, Materialkosten etc. Im Unterschied dazu stehen die Bereichskosten, die meist nur nach einem bestimmten Schlüssel aufgeteilt werden können.

Divisionskalkulation
Ein einfaches Kalkulationsverfahren, das für Einproduktbetriebe geeignet ist. Die Gesamtkosten einer Periode werden durch die Gesamtzahl der erstellten und/oder abgesetzten Leistungen dividiert.

Eigenleistungen
sind Aufwendungen des eigenen Betriebes zur Herstellung eines Wirtschaftsgutes, welches nicht für die Veräußerung bestimmt ist, sondern zur Nutzung im eigenen Betrieb.

Einnahmen
Durch Einnahmen wird das Geldvermögen eines Unternehmens verändert. Ihnen gegenüber stehen die Ausgaben. Einnahmen unterscheiden sich von den Einzahlungen durch die Berücksichtigung verschiedenartiger kreditorischer Vorgänge. Sie tragen letztlich der Tatsache Rechnung, dass Geldzufluss und Güterabgang nicht in derselben Periode liegen müssen.

Einzahlungen
bezeichnen den Zufluss von Geldmitteln.

Einzelkosten
sind Kosten, die einem bestimmten Kalkulationsobjekt (= Kostenträger) eindeutig zurechenbar sind oder tatsächlich zugerechnet werden.

Endkostenstelle
Im Gegensatz zur Vorkostenstelle verrechnet die Endkostenstelle die Kosten unmittelbar auf die einzelnen Kostenträger.

Erträge
sind der in Geld bewertete Wertzugang in einer Periode. Sie erhöhen das Reinvermögen eines Unternehmens (= periodisierte, erfolgswirksame Einnahmen).

Fertigungsstelle
In der Fertigungsstelle werden unmittelbar an den eingesetzten Werkstoffen Arbeitsverrichtungen vollzogen, um das Haupt- oder ein Nebenprodukt herzustellen.

Fixe Kosten
sind Kosten, die in ihrer Höhe unabhängig sind von den Veränderungen einer bestimmten Kosteneinflussgröße. Sie bleiben konstant, wenn die betrachtete Kosteneinflussgröße in ihrem Ausmaß variiert wird.

Fixkostenblock
Gesamtheit der fixen Kosten, die in einem Betrieb in einer Periode anfallen.

Gemeinkosten
sind Kosten, die für mehrere Kalkulationsobjekte gemeinsam entstehen und auch bei Anwendung genauester Erfassungsmethoden nicht für die einzelnen Kalkulationsobjekte gesondert erfasst werden können. In traditionellen Systemen der Kostenrechnung (Vollkostenrechnung) erfolgt die Verrechnung der Gemeinkosten im Wege der Kostenschlüsselung.

Gesamtkostenverfahren
Die Gewinn- und Verlustrechnung kann nach dem Gesamt- oder Umsatzkostenverfahren aufgestellt werden. Beim Gesamtkostenverfahren werden die Erträge und Aufwendungen eines Geschäftsjahres einander gegenübergestellt.

Gewinn- und Verlustrechnung
ist eine Gegenüberstellung der Aufwendungen und Erträge eines Geschäftsjahres. Sie bildet zusammen mit der Bilanz den Jahresabschluss.

Gewinnschwelle
Sobald ein neues Produkt oder ein neues Unternehmen seine Umsatzerlöse so steigern kann, dass damit die Produktions- und Vertriebskosten sowie die im jeweiligen Unternehmen üblichen Bereichskosten gedeckt sind, wird die Gewinnschwelle erreicht: Das Unternehmen arbeitet kostendeckend.

Grenzkosten
sind Mehrkosten für die letzte Produktionseinheit bei Vergrößerung der Produktion. Sobald die Produktion nur um eine Einheit erhöht wird, steigen die Gesamtkosten um einen bestimmten Betrag und ergeben die sogenannten Grenzkosten. An diesen Grenzkosten orientiert sich wiederum die Preisuntergrenze des Produkts.

Grenzplankostenrechnung
Die Grenzplankostenrechnung ordnet dem jeweiligen Produkt seine Grenzkosten zu. Wichtig dabei ist, dass proportionale Gemeinkosten als Planraten in die Grenzkosten eines Unternehmens eingerechnet werden. Die Grenzplankostenrechnung dient der Kostenkontrolle und eröffnet die Möglichkeit eines Umbaus der Kalkulation zur Gewinnplanung.

Hauptkostenstelle
In einer Hauptkostenstelle erfolgt der Prozess der Leistungserstellung und Leistungsverwertung für die Produkte.

Herstellungskosten
sind Aufwendungen, die durch den Verbrauch von Gütern und die Inanspruchnahme von Diensten entstehen. Sie setzen sich zusammen aus den Einzelkosten der Fertigung und den Fertigungsgemeinkosten.

Indirekte Kosten
auch Gemeinkosten genannt. Darunter fallen alle Kosten, die sich nicht direkt zuordnen lassen. Diese werden dann mithilfe bestimmter Schlüssel auf die einzelnen Kostenträger aufgeteilt.

Ist-Beschäftigung
Die effektive Beschäftigung des Betriebes während einer Periode.

Ist-Kosten
Mit Ist-Kosten werden in der Plankostenrechnung die tatsächlich entstandenen Kosten bezeichnet. In einem gut geführten Unternehmen werden die Ist-Kosten, also die tatsächlich entstandenen Kosten, in bestimmten zeitlichen Perioden mit den Sollkosten, also den geplanten Kosten, verglichen. Dieser Soll-Ist-Vergleich zeigt der Unternehmensführung einerseits die Effektivität bestimmter Bereiche und gibt ihr andererseits die Möglichkeit, kurzfristig regulierend einzugreifen.

Istkostenrechnung
Ein System der Kosten- und Leistungsrechnung, in dem der Verzehr von Produktionsfaktoren und die Entstehung von Leistungen im Nachhinein, d. h. nachdem diese Vorgänge real schon stattgefunden haben, mengen- und/ oder wertmäßig erfasst werden.

Kompensatorische Kosten
sind Kosten, die sich in ihrer Wirkung gegenseitig ausgleichen. Die vermehrte Produktion eines Gutes bedingt beispielsweise eine Verminderung der Produktionskosten. Um aber die vermehrte Produktion zu erreichen, mussten vielleicht verstärkte Werbeanstrengungen unternommen werden. Die verminderten Produktionskosten werden durch diese höheren Werbekosten kompensiert.

Kosten
bewerteter leistungsbezogener Güterverbrauch.

Kostenartenrechnung
Erfassung und systematische Ordnung aller Kosten, die in einer Abrechnungsperiode (z. B. Monat/Jahr) angefallen sind. Die Ordnung erfolgt ausschließlich herkunftsbezogen nach der Art der verzehrten oder genutzten Wirtschaftsgüter. Die Kostenartenrechnung gibt – ausgedrückt in Geldgrößen – Auskunft über den Produktionsfaktorverbrauch während der Abrechnungsperiode.

Kostenaufspaltung
Zerlegung des Gesamtkostenblocks eines Betriebes in verschiedene Kostenkategorien, z. B. in fixe und variable Bestandteile. Eine Kostenaufspaltung ist Voraussetzung für die Anwendung eines Teilkostenrechnungssystems.

Kostenkontrolle
Die laufende Überwachung der Kostenentstehung in den einzelnen Leistungsbereichen des Betriebes.

Kostenstelle
Die Kostengliederung nach Art der Kostenentstehung. Die Kostenstelle ist eine Grundlage für die Kosten- und Leistungsrechnung.

Kostenrechnung
auch: Kosten- und Leistungsrechnung. Die Erfassung aller Kosten, die durch die betriebliche Leistung anfallen. Teilgebiet des internen Rechnungswesens, in dem der physische Verbrauch sowie die räumlich-zeitliche Inanspruchnahme von Produktionsfaktoren zum Zwecke der Leistungserstellung mengen- und/oder wertmäßig erfasst werden.

Kostenschlüsselung
Willkürliche, d. h. nicht logisch zwingend begründbare Aufteilung von Gemeinkosten auf Kalkulationsobjekte (insbesondere Kostenstellen und Kostenträger), für die sie trotz größten Bemühens nicht eindeutig erfassbar sind.

Kostenstellenrechnung
Ermittlung und Ausweis der Kosten nach dem Ort bzw. Funktionsbereich der Kostenentstehung. Die Kostenstellenrechnung baut auf der Kostenartenrechnung auf und bildet eine wesentliche Grundlage der Kostenträgerrechnung.

Kostenträgerrechnung
Verrechnung der Einzel- und Gemeinkosten auf die einzelnen Kostenträger, also auf die Erzeugnisse. Die Kosten hierfür kommen aus der Kostenstellenrechnung und Kostenartenrechnung. Die Kostenträgerrechnung ermittelt Leistungen. Sie kann sich auf Perioden (Kostenträger-Periodenrechnung) und auf Leistungseinheiten (Kostenträger-Stückrechnung) beziehen.

Kuppelproduktion
Bei der Produktion eines Produktes entsteht zwangsweise ein weiteres Produkt (das sogenannte Kuppelprodukt).

Leistung
= Betriebsertrag (Ertrag) = Wert der in der Periode als Folge der eigentlichen Betriebstätigkeit hervorgebrachten Güter und Dienste. Leistung ist das begriffliche Gegenstück zu Kosten.

Materialaufwand
ist eine Position in der Gewinn- und Verlustrechnung, die nach dem Gesamtkostenverfahren aufgestellt wird. Darin sind alle Materialaufwendungen ausgewiesen, die mit den Umsatzerlösen wirtschaftlich zusammenhängen.

Nebenkostenstellen
Auf Nebenkostenstellen werden Produkte be- oder verarbeitet, die nicht zum eigentlichen Produktionsprogramm des Unternehmens gehören.

Neutrale Aufwendungen
Die neutralen Aufwendungen dienen nicht dem eigentlichen Betriebszweck. Zu diesen Aufwendungen gehören: betriebsfremde, kreditgewährende und außergewöhnliche Aufwendungen.

Neutrale Erträge
entstehen nicht durch den eigentlichen Betriebszweck. Darunter fallen u. a. Steuererstattungen aus dem Vorjahr (periodenfremd), Erträge aus Beteiligungen (betriebsfremd), Gewinn aus dem Verkauf eines Anlagegutes (außerordentlich). Sie sind das Gegenstück zu den neutralen Aufwendungen.

Normalbeschäftigung
Der Beschäftigungsgrad, der sich als Durchschnittswert vergangener Perioden für die künftigen Perioden erwarten lässt.

Normalkosten
sind Kosten, die als Durchschnittsgrößen aus den Ist-Kosten vergangener Perioden abgeleitet sind und eine Nivellierung der Verbrauchs- und/oder Wertkomponente der Kosten beinhalten.

Sie dienen der Beschleunigung der Abrechnung, sind aber als Sollgröße ungeeignet.

Opportunitätskosten
sind Kosten, die nicht von Ausgaben abgeleitet sind und die – ausgedrückt im Geldmaßstab – den Nutzen widerspiegeln, den man bei anderweitigem Einsatz des knappen Produktionsfaktors erzielen könnte. Opportunitätskosten sind die entgangenen Gewinne, die man in der zweitbesten Verwendungsalternative des knappen Produktionsfaktors verdienen könnte.

Plankosten
Einzel- und Gemeinkosten, deren mengenmäßige Zusammensetzung und Preise nach genauen Untersuchungen geplant werden können.

Plankostenrechnung
Kostenrechnungssystem, bei dem mit starren oder flexiblen Werten gearbeitet wird. Bei der starren Plankostenrechnung werden Beschäftigungsschwankungen nicht berücksichtigt. Dies ist dagegen bei der flexiblen Plankostenrechnung möglich. Gleichzeitig kann man den Abweichungen nachgehen und sich eventuell kurzfristig darauf einstellen.

Prozesskostenrechnung
Die Prozesskostenrechnung ist ein noch relativ neues Verfahren, dessen Ziel die Verbesserung der Gemeinkostenverrechnung ist. Nicht Kosten sondern Leistungen werden als Bezugsgrößen berücksichtigt. Dadurch werden die Kosten verursachungsgerechter auf die kostentreibenden Prozesse (Cost-Driver) verteilt.

Regressive Kosten
sind Kosten, die auf mehrere Kostenstellen umgelegt werden und die bei zunehmender Beschäftigung nicht steigen. Da diese Kosten meist auf mehrere Kostenstellen umgelegt werden, sind sie als Einzelumlage sogar abnehmend.

Selbstkosten

Summe aller bei der Fertigung entstandenen Kosten für eine Leistungseinheit. Solche Kosten können sein: Materialkosten (Gemein- und Einzelkosten), Herstellungskosten (Löhne, Gemeinkosten, Sonderkosten) sowie Vertriebs- und Verwaltungskosten.

Sprungkosten

auch intervall-fixe Kosten genannt. Diese entstehen bei Produktionsbeginn und bei Erweiterung der Produktion. Sprungkosten bleiben über bestimmte Beschäftigungsintervalle hinweg konstant und verändern sich dann sprunghaft nach oben, abhängig vom Grad der Beschäftigung. Unter diese Kosten fallen zum Beispiel die Gehälter für leitende Angestellte und deren Apparate.

Teilkostenrechnung

System der Kosten- und Leistungsrechnung, bei dem den Erlösen der Produkte jeweils nur ganz bestimmte Teile der insgesamt angefallenen Kosten gegenübergestellt werden, um Bruttoerfolge (Deckungsbeiträge) zu ermitteln. Die restlichen Kosten werden den Deckungsbeiträgen aller Produkte gegenübergestellt und sollten von diesen komplett gedeckt werden.

Umsatzkostenverfahren

Die Gewinn- und Verlustrechnung kann nach dem Gesamt- oder Umsatzkostenverfahren aufgestellt werden. Beim Umsatzkostenverfahren werden den Umsatzerlösen die Herstellungskosten der zur Erzielung der Umsatzerlöse erbrachten Leistungen gegenübergestellt.

Variable Kosten

sind Kosten, die in ihrer Höhe abhängig sind von den Veränderungen einer bestimmten Kosteneinflussgröße.

Variator

Für jede Kostenart einer Kostenstelle wird ein sogenannter Variator festgelegt, der angibt, um wie viel Prozent die vorgegebene Kostenhöhe variiert.

Verrechnungspreise

Preise, die im internen Rechnungswesen zur Bewertung von intern erbrachten und/oder verbrauchten Leistungen angesetzt werden.

Vollkostenrechnung

In der Vollkostenrechnung werden alle fixen und variablen Kosten eingebracht und verteilt.

Vorkostenstellen

Die auf Vorkostenstellen erfassten Kosten werden nicht direkt einem Kostenträger zugerechnet, sondern innerhalb der Kostenstellenrechnung auf andere (Haupt- und Neben-) Kostenstellen verteilt.

Zielkostenrechnung

Bei der Zielkostenrechnung (auch Target Costing) wird vom realisierbaren Marktpreis rückwärts von den Gesamtkosten auf die einzelnen Kostenbestandteile zurückgerechnet. Gesichtspunkt ist nicht „wieviel ein Produkt kosten wird" sondern „was es kosten darf!".

Zusatzkosten

Jener Teil der gesamten Kosten einer Periode, dem überhaupt kein Aufwand entspricht und der sich nicht von Ausgaben ableiten lässt, z. B. kalkulatorischer Unternehmerlohn, kalkulatorische Eigenkapitalzinsen, kalkulatorische Eigenmiete.

Zuschlagskalkulation

Ein Kalkulationsverfahren, bei dem die Gemeinkosten über einen prozentualen Zuschlag auf die Einzelkosten zugerechnet werden.

Kostenartengliederung nach dem Gemeinschaftskontenrahmen für die Industrie (GKR)

Konten-nr.	Bezeichnung
Stoffkosten	
40-41	Stoffverbrauch
400	Sammelkonto
401-402	Einsatzstoffe
403-404	Fertigungsstoffe
405	Klein und Normteile
406	Bestandteile (Einbauteile) Zwischenerzeugnisse ...
407	Handelswaren
408	Auswärtige Bearbeitung
409	Stoffe für innerbetriebliche Leistungen
410-411	Hilfsstoffe
412-415	Betriebsstoffe
416	Verpackungsstoffe
417-419	Werkzeuge ...
42	Brennstoffe, Energie ...
420-424	Feste, flüssige und gasförmige Brenn- und Treib-stoffe
425-429	Energie ...

Konten-nr.	Bezeichnung
Personalkosten	
43	Löhne und Gehälter
430	Löhne-Sammelkonto
431	Fertigungslöhne
432	Löhne für innerbetriebliche Leistungen
433-435	Hilfslöhne
436	Betrieblich bedingte, bezahlte Wartezeiten
437	Lohnarbeitszuschläge und besondere Zulagen
438	Bezahlte Freizeit
439	Gehälter
44	Sozialkosten
440	Gesetzliche und tarifliche Sozialkosten
441-447	Freiwillige Sozialkosten
448	Andere Personalkosten
45	Instandhaltung, verschiedene Leistungen ...
450-454	Instandhaltung
455	Allgemeine Dienstleistungen
456	Entwicklungs-, Versuchs- und Konstruktionskosten
457-459	Mehr- bzw. Minderkosten
Steuern, Gebühren, Beiträge, Versicherungsprämien	
460-463	Steuern
464-467	Abgaben, Gebühren ...
468	Beiträge und Spenden
469	Versicherungsprämien

Kontennr.	Bezeichnung
Mieten, Verkehrs-, Büro-, Werbekosten	
470-471	Raum-, Maschinenmieten ...
472-475	Verkehrskosten
476	Bürokosten
477-478	Werbe- und Vertreterkosten
479	Finanzspesen und sonstige Kosten
Kalkulatorische Kosten	
480	Betriebsbedingte Abschreibungen
481	Betriebsbedingte Zinsen
482	Betriebsbedingte Wagnisprämien
483	Kalkulatorischer Unternehmerlohn
484	Sonstige Kalkulatorische Kosten
Innerbetriebliche Kosten- und Leistungsverrechnung, Sondereinzelkosten und Sammelverrechnungen	
490-494	Sondereinzelkosten
495-497	-Innerbetriebliche Kosten- und Leistungsverrechnung
498	Sammelkonto, zeitliche Abgrenzung
499	Sammelkonto Kostenarten

Stichwortverzeichnis

Bibliografische Information der Deutschen Nationalbibliothek
Die Deutsche Nationalbibliothek verzeichnet diese Publikation in der Deutschen Nationalbibliografie; detaillierte bibliografische Daten sind im Internet über http://dnb.d-db.de abrufbar.

ISBN 978-3-448-09412-1
Bestell Nr. 00689-0005

5., aktualisierte Auflage 2010

Redaktionsanschrift: Fraunhoferstraße 5, 82152 Planegg
Fon: (0 89) 8 95 17-0, Fax: (0 89) 8 95 17-2 50
E-Mail: online@haufe.de
Internet www.haufe.de
Lektorat: Dipl.-Kff. Dunja Reulein
Redaktion: Jürgen Fischer
Redaktionsassistenz: Christine Rüber

Umschlaggestaltung: Agentur Buttgereit & Heidenreich, 45721 Haltern am See
Desktop-Publishing: Agentur: Satz & Zeichen, Karin Lochmann, 83129 Höslwang
Druck: freiburger graphische betriebe, 79108 Freiburg

Zur Herstellung der Bücher wird nur alterungsbeständiges Papier verwendet.

Der Autor

Horst-Dieter Radke

Ausbildung zum Industriekaufmann, Wirtschaftsinformatiker, Studium der Betriebspädagogik (Universität Landau). Berufspraxis in der Metall- und Textilindustrie. Fast 20 Jahre in der Geschäftsführung einer Großhandelsgenossenschaft (Lebensmittelbranche) tätig. Freiberuflich als Berater, Projektleiter und Seminarleiter tätig. Zahlreiche Veröffentlichungen in den Gebieten Betriebswirtschaft und Informatik. Derzeit freier Autor und Lektor für verschiedene Verlage.

Weitere Literatur

„Betriebswirtschaftliche Formelsammlung" von Prof. Dr. Jörg Wölltje, 400 Seiten. Haufe, € 29,80,
ISBN 978-3-448-09528-9, Bestell-Nr. 01041